Peter Böhlke

DDR-Automobile von A-Z

BILD UND HEIMAT

ISBN 978-3-86789-401-2

1. Auflage

Umschlaggestaltung: bekuroDesign
Druck und Bindung: Salzland Druck, Straßfurt

Ein Verlagsverzeichnis schicken wir Ihnen gern:
Bild und Heimat Verlag
Zwickauer Str. 68
08468 Reichenbach (Vogtl.)
Tel. 03765 / 78150

www.bild-und-heimat.de

Inhalt

DIE LEGENDE AUS DRESDEN

Wo immer der Melkus RS 1000 öffentlich in Erscheinung tritt, löst er ungläubiges Staunen aus. Im Westen ist der Sportwagen fast unbekannt, im Osten staunen die Menschen, dass es ihn noch gibt. 101 Fahrzeuge hat die Dresdner Automobilbaumanufaktur gebaut. Aktuell wird eine auf 15 Modelle begrenzte Sonderserie ausgeliefert. Ein Nachfolger ist in Planung.

504
159
RS 1000
MW RS11

Melkus RS 1000

Von der Vision zur Legende

Dresden: Die Konstruktion von Heinz Melkus ist eine Automobillegende. Der leistungsgesteigerte Zweitakter aus Sachsens Hauptstadt dokumentiert Kreativität und technisches Potenzial. Genau 101 Sportwagen des Typs Melkus RS 1000 baute die in der DDR einzigartige Automobilmanufaktur.

Historisches Foto: Der RS 1000 im Renneinsatz

Ein beinahe verbotener Traum

„So ein Auto werden wir auch einmal bauen ...!" Dieser Satz von Heinz Melkus, so will es die Überlieferung wissen, war die Geburtsstunde des legendären Rennsportwagens Melkus RS 1000. Ein Lotus mit westlichem Kennzeichen hatte in Opatija die Aufmerksamkeit des Dresdners geweckt.

Ikone des Motorsports in der DDR: Heinz Melkus war Fahrlehrer, Rennfahrer und Konstrukteur von Rennwagen. Ihm gelang es, die sozialistischen Gremien vom Bau des RS 1000 zu überzeugen.

Die Begegnung fand zwischen 1964 und 1966 statt, genauer lässt sich das nicht mehr eingrenzen. Jugoslawien, blockfrei, aber kommunistisch, war damals eines der begehrtesten und attraktivsten Urlaubsländer für Ostdeutsche – und ein Land, in dem Westkontakte möglich waren. Heinz Melkus war damals Besitzer einer privaten Fahrschule in Dresden, Rennfahrer und Konstrukteur von Rennautos.
Die Vision lag zwischen Utopie und verbotenem Traum. Utopisch, weil die Idee zum Bau eines lotus-ähnlichen Sportwagens dem Kommunismus widersprach. Im „real existierenden Sozialismus" stand die private Initiative eines selbstständigen Unternehmers im konterrevolutionären Gegensatz zur staatstragenden Ideologie. Unternehmer galten als Ausbeuter der Arbeiterklasse. Wenn die unternehmerische Idee auch noch einen Zugewinn an individueller Freiheit bedeutete, konnten derartige Äußerungen, so sie in die falschen Ohren gerieten oder dorthin transportiert wurden, sogar gefährlich werden.
Individuelle Freiheit und Mobilität des Einzelnen ist in der DDR nie gefördert worden. Das begann beim Zustand der Straßen, setzte sich in der Politik fort und mündete schließlich in komplizierten Reglementierungen für die

Besitzer von Individualverkehrsmitteln. Aus der Sicht des Staates war der Mobilität seiner Bürger Genüge getan, wenn sie – mehr oder weniger pünktlich – in Doppelstockwagen der Deutschen Reichsbahn oder in Bussen ihre Arbeitsplätze erreichen konnten.
Was der Staat immer benötigte, waren Erfolge. Vor allem im Sport versprachen sie Begeisterung, Aufmerksamkeit und internationales Ansehen. Das Konzept von Heinz Melkus ließ genau das erwarten. Und er setzte noch eins drauf: Sein Renner sollte zu den Rennen auf eigener Achse fahren. Der ewig klamme Staat sparte so das Bereitstellen von Transportkapazitäten. Ein Argument, das von Anfang an überzeugte. Zuerst die Parteileitung in Dresden, dann die zentralen Lenkungsgremien in Ostberlin. Und so erhielt Heinz Melkus die Genehmigung, in seiner Dresdner Rennwagenmanufaktur exklusive Sportwagen des Typs RS 1000 zu bauen. Der RS 1000 war einzigartig. Nicht nur in der DDR, sondern im gesamten Ostblock.

Selbstständige Unternehmer

In der DDR gab es – offiziell! – selbstständige Unternehmer. Allerdings nur wenige. Sie bedurften einer Konzession durch den Staat. Voraussetzung dafür war eine Geschäftsidee, die dem sozialistischen Gemeinwohl diente. Üblicherweise handelte es sich dabei um Produkte oder Dienstleistungen, welche die Volkswirtschaft brauchte, die von den volkseigenen Betrieben aber nicht hergestellt oder erbracht werden konnten. Bilanziert wurden die Privatbetriebe vom Staat. Damit war offiziell ein Unternehmergehalt gewährleistet, das – der sozialistischen Einheits-Ideologie entsprechend – dem Durchschnittsgehalt eines Werktätigen entsprach. Die eigentlichen (Privat-) Geschäfte erfolgten meistens nach Feierabend. Dabei wurden auch die tatsächlichen Erträge erwirtschaftet – die Methode kannte jeder, vielleicht mit Ausnahme einiger Staatsrat- und Politbüromitglieder ... So funktionierte der real existierende Sozialismus.

Veranstaltungen mit Ausnahmecharakter: Bereits 1973 waren so viele RS 1000 ausgeliefert, dass Rennen – wie hier in Schleiz – ausschließlich mit Rennsportfahrzeugen dieses Typs gefahren werden konnten.

Einzelstücke und Kleinserienfertigung: Die Heinz Melkus KG in Dresden profilierte sich vor und nach der Produktion des RS 1000 durch das Konstruieren und Aufbauen von Rennautomobilen.

Ikone des Motorsports

Heinz Melkus wurde am 20.04.1928 in Dresden geboren. Seine Rennfahrerkarriere begann eher zufällig, nachdem er ein Rennen auf der „Spinne" in Dresden-Hellerau verfolgt hatte. In den darauf folgenden Jahren fuhr er selbst in den unterschiedlichsten Klassen. Mit Rennwagen, die er selbst verbessert hatte. Im Lauf der Zeit entwickelte er sich immer mehr zum Konstrukteur eigener Rennwagen. Eigentlich war Heinz Melkus Fahrlehrer. 1955 hatte er die private „Fahrschule Heinz Melkus KG" gegründet. „Das war die Fahrschule!", erinnert sich ein Dresdner. Wer es sich irgendwie leisten konnte, versuchte bei Heinz Melkus seinen Führerschein zu machen. Heute würde man sagen: Die Fahrschule war „in".

Im Jahr 1960 entstand sein Rennwagenkollektiv. Nach dem Fahrschulbetrieb wurden fortan in der Melkus-Werkstatt Rennwagen gefertigt. Die erste Kleinserie von über 80 Monoposti auf Wartburg-Basis für die Formel Junior baute er zwischen 1959 und 1962. Es folgten die Melkus Baureihen'63 und '64, die erfolgreich sowohl in der Formel Junior als auch in der Formel 3 eingesetzt wurden. Die „Zigarre" wird noch heute bei Rennen gefahren. Neben sechs DDR-Meisterschaften gelang es Heinz Melkus dreimal, den Titel „Pokal für Frieden und Freundschaft" einzufahren. In seiner Laufbahn siegte er in 80 von insgesamt etwa 200 Rennen.

Baugrundsätze des Melkus RS 1000

„So ein Auto werden wir auch einmal bauen ...!" – Es waren die Baugrundsätze des britischen Sportwagens, die Heinz Melkus faszinierten: Extrem leicht, geringer Luftwiderstand und optimierte Fahreigenschaften durch den Einbau des Motors in Mittellage. Tatsächlich erreichte Heinz Melkus so etwas wie die Quadratur des Kreises: Im RS 1000 vereinte er die typischen Eigenschaften des Lotus, übertraf sie sogar in einigen Details und schuf dabei einen unverwechselbar eigenständigen Rennsportwagen. Dass ihm dies in einem Land gelang, dessen Parteiund Staatsorgane private Unternehmer als Ausbeuter und Klassenfeinde bezeichneten, das individuelle Freiheiten eng begrenzte, das aber zugleich seinem Projekt den offiziellen Segen erteilte – dieser Erfolg mutet an wie eine Geschichte aus „1000 und einer Nacht". Sie gleicht der Faszination, einen Melkus zu fahren.

Fassungslose Gesichter

Hinter dem Lenkrad eines Melkus RS 1000 zu sitzen, ist ein ganz besonderes Fahrgefühl. Doch dieses Erlebnis lässt sich noch steigern. Auf der Position des Beifahrersitzes! Mit einem abgeklärten Melkus-Routinier am Steuer. Am besten in Dresden, dem Geburtsort des RS 1000. Dort ist das Erlebnis am intensivsten. In dieser geschichtsträchtigen Metropole lassen sich die Menschen in zwei Kategorien einteilen: Die aus Ostdeutschland und die aus den anderen Teilen der Welt. Das trennende Kriterium ist der Gesichtsausdruck, wenn sie sich einem vorbeidonnernden Melkus zu-

Signifikant: Die Form der vorderen Kotflügel gibt dem Melkus RS 1000 ein unverwechselbares Aussehen.

Die Legende aus Ostdeutschland: In Kleinserie hergestellt, für die Straße und den Rennsport zugelassen. Mit dem RS 1000 realisierte Heinz Melkus eine Vision.

wenden. Die Mimik der Ostdeutschen zeigt uneingeschränkt freudiges, beinahe stolzes Wiedererkennen. Der Gesichtsausdruck der anderen ist ungläubiges, fassungsloses Staunen. Als ob sie gerade ein Gespenst sehen. Der offene Mund, die heruntergeklappten Unterkiefer, einfach zum Malen! Wer sich an diese Szenerie gewöhnt hat, darf auf den Pilotensitz rutschen. Der Fahrer, so will es die Straßenverkehrsordnung, hat seine Aufmerksamkeit dem Straßenverkehr zu widmen – und keine gesellschaftswissenschaftlichen Feldstudien zu genießen.

Die Ursache für die verblüfften Gesichter ist der Seltenheitswert eines Melkus RS 1000, das typische Design und seine weitgehende

Privatbesitz: Der RS 1000 mit der Seriennummer 1 ist immer noch im Besitz der Familie Melkus.

Enkel von Heinz Melkus: Sepp Melkus ist Geschäftsführer der Melkus Sportwagen KG.

Unbekanntheit jenseits von Ostdeutschland. Genau einhundertundein Sportwagen dieses legendären Typs verließen zwischen 1969 und 1979 die Rennwagenmanufaktur der Heinz Melkus KG in Dresden. Aufgeräumt werden muss mit dem Märchen, es wären mehr als nur diese 101 Serienfahrzeuge ausgeliefert worden. Etwa durch das Anlegen von Unternummern, sodass es um die 110 Fahrzeuge gewesen sein könnten, wie das Orakel aus der Gerüchteküche wissen will. Sepp Melkus, jüngster Spross der Melkus-Dynastie, ahnt, wie diese Fama entstanden ist: „Wir wissen, dass an Einzelpersonen Ersatzteile verkauft wurden, die in ihrer Gesamtheit jeweils einen kompletten Bausatz ergaben." Begründet hätten die Käufer dies mit Unfällen und der Absicht, ihre Totalschäden wieder neu aufbauen zu wollen. Theoretisch – und das mag der Anlass für das „Märchen der 110" gewesen sein – könnten daraus Doubletten entstanden sein: Ein RS 1000 für den Straßenverkehr, ein zweiter für den Renneinsatz. Aber weil das öffentliche Betreiben von zwei Autos mit identischer Fahrgestellnummer verboten ist, kann dieses Gerücht natürlich nicht stimmen. Sepp Melkus ist sich sicher: „In unserem Haus wurden nur einhundertundein RS 1000 montiert!"

Die Philosophie des Rennsports bestimmte die Arbeit

Der Prototyp mit der Seriennummer Eins – er ist heute noch in Familienbesitz und wird intern „GT 1" genannt – war 1968 fertig, der erste Serienrenner folgte 1969. Erstmals der Öffentlichkeit präsentierte Heinz Melkus den RS 1000 am 13. und 14. September 1969 beim Dresdner Autobahnspinne-Rennen. „Der Prototyp und das erste Serienfahrzeug waren in nebenberuflicher Feierabendarbeit entstanden", erinnert sich Frank Nutschan. Der spätere Chefmechaniker stieß 1971 zum Melkus-Team. Heute ist er der Leiter der Ersatzteilversorgung im BMW-Autohaus von

Verkehrspolizei

Die Verkehrspolizei war – neben der Schutz-, Wasserschutz-, Kriminalund Transportpolizei – in der DDR eine eigenständige Sparte im Sicherheitsapparat. Ihre Aufgabe war die Überwachung des Straßenverkehrs und das Aufnehmen und Bearbeiten von Verkehrsunfällen. Die Aufgaben entsprachen in etwa denen der heutigen Verkehrsstaffeln in der Bundesrepublik Deutschland. Allerdings begann die Spezialisierung in der Ausbildung viel früher, als es heute der Fall ist (soweit man die Ausbildungsgänge zwischen damals und denen im heutigen Deutschland überhaupt vergleichen kann). Auch die Verkehrspolizisten wurden als Repräsentanten des totalitären Überwachungsstaates wahrgenommen. Allerdings nicht in dem Maße wie die Angehörigen anderer Behörden. Die Verkehrspolizisten galten als gut ausgebildet, streng, aber auch – meistens – als fair. „Sie konnten einem erklären, was man falsch gemacht hatte und welchen Sinn eine Vorschrift hatte", sagt ein Vielfahrer zu Zeiten der DDR.

Aufklappbar: Die Türen und das Heck öffnen sich nach oben.

Melkus. Bei Rennen avancierte er zum ständigen Begleiter von Heinz Melkus. Den „GT 1" hatte er in persönlicher Pflege: „Heinz Melkus hat mich immer gemahnt, das Auto viel zu fahren!" Dabei machte er das gar nicht so gern. Wegen der unglaublichen Aufmerksamkeit, die dieser Flitzer auf sich zog. Die Anfänge kennt er aus TeamErzählungen. Sein Gedächtnis enthält einen unglaublichen Fundus an Erinnerungen.

„Ab Freitag um eins, macht jeder seins!" – dieses geflügelte und weit verbreitete Wort über die Arbeitszeit in der DDR hatte im Melkus-Team keine Gültigkeit. Dort bestimmte die Philosophie des Rennsports den Rhythmus. Bis zum Startschuss hatte ein Auto fertig zu sein. „So war es auch im Autobau", erinnert sich Frank Nutschan: „Wenn etwas gemacht werden musste, machte man es zu Ende." Der Mechaniker spürt noch heute, wie es damals bei Melkus „geprickelt" hat: „Das hat uns unglaublich motiviert!"

Entstanden war der RS 1000 zunächst als Gipsmodell im Maßstab 1:5. Daran hatte an der Berliner Hochschule für bildende Kunst ein Diplom-Formgestalter das Design optimiert. In der Entwicklungsabteilung von Robur in Zittau erfolgte die Umwandlung in ein Modell im Maßstab 1:1. Als davon die Karosserieteile abgenommen wurden, passierte ein Übertragungsfehler: Die Karosserie fiel um zehn Zentimeter breiter aus als im

Motorsport: Die Domäne des RS 1000 waren Rundstreckenund Bergrennen.

Modell. Auf Bildern von alten RS 1000 mit Reifen der Dimension 155 SR 13 lässt sich das noch erahnen. Die Seitenwände der Reifen und die Karosserie liegen nicht in einer Flucht. Durch das Aufziehen inzwischen beinahe obligater Breitreifen – vorne 205/60 R 13 und hinten 225/60 R 13 – lässt sich diese optische Petitesse allerdings vollständig beheben.
Frank Nutschan erinnert sich, wie der RS 1000 zu seinen ersten Breitreifen kam. Anfang der 1970er-Jahre wurde der Melkus auf dem Autosalon in Genf ausgestellt. Eine Anreise durch den Eisernen Vorhang kam nicht infrage. Deshalb wurde der RS auf einen Eisenbahnwagen verladen und auf der Schiene in die Schweiz transportiert. Bei der Rückkehr war das Staunen groß. Im Innenraum stapelten sich die serienmäßigen Pneumant-Normalreifen aus der DDR, auf den Achsen steckten Breitreifen von Dunlop. So, erzählt Frank Nutschan, hätten sich die Genfer für das Überlassen des Ausstellungsstückes bedankt. Der Zoll, die Grenzorgane und all die anderen Behörden in der DDR hätten wohl gedacht, die zwei Reifensätze gehörten einfach dazu. Und die Dunlop-Aufschrift auf den Seitenwänden der Reifen? Frank Nutschan: „Die hat keiner gelesen!" Oder nicht lesen wollen.

Ungeprüfte Behauptungen bei Verkehrskontrollen

Allerdings warf hier bereits ein Phänomen seine Schatten voraus, das später vor allem die Bastler unter den RS-1000-Besitzern auszunutzen wussten. Bei den Baugruppen des RS 1000 bediente sich Heinz Melkus der Komponenten, die auf dem Markt waren – und modifizierte sie mit äußerster Kreativität. Die Modifikationsdetails kannten Insider, am wenigsten aber die Verkehrspolizisten. Das war bei der begrenzten Auslieferungszahl auch kein Wunder. Schrauber, die ihre Renner um zusätzliche Accessoires ergänzt hatten, behaupteten bei Verkehrskontrollen einfach, sie hätten den Melkus in diesem Zustand gekauft. Keiner der Verkehrspolizisten konnte derartige Behauptungen nachprüfen. Tatsächlich mussten einige Details – ohne an der Grundkonstruktion zu rütteln – immer wieder variiert werden. Das war der Versorgungslage geschuldet. Diese Logik musste auch einem Polizisten einleuchten. Wegen dieser Variationen darf aber auch jeder RS 1000 als Unikat gelten.

Unikate: Während des Baus der „101er"-Serie waren die Einfüllstutzen an unterschiedlichen Stellen angebracht. Bei diesem Melkus sind zwei Einfüllstutzen verbaut und auf der Kühlerhaube hinter den Kotflügeln positioniert.

Modifizierte Wartburg-Basis

Die Basis des RS 1000 war der Wartburg 353 aus den 1960er-Jahren. Dessen Kastenprofilrahmen ist beim RS durch eine Ypsilon-Traverse verstärkt. Das steigert die Verwindungssteifigkeit. Die Stoßdämpferaufnahmen sind herabgesetzt, die Federaufnahmen verkürzt. Weitere Teile aus dem Wartburg 353 sind Frontscheibe und Windlauf. Von Hand gefertigt ist deren Verkleidung. Im Verhältnis zum Ursprungsmodell ist der Windlauf in einem wesentlich flacheren Winkel eingesetzt.

Diese Verfeinerungen ergaben die seinerzeit ungewöhnlich niedrige Fahrzeughöhe von 1,07 Metern. Die anfangs runden Heckleuchten kamen aus dem Nutzfahrzeugsektor, die später verwendeten eckigen Rückleuchten von Lada und Skoda. Die Heckscheibe aus Sicherheitsglas hatte Heinz Melkus im knapp einen Kilometer entfernten Dresdner Straßenbahndepot entdeckt. Die anderen Fenster bestanden aus Piacrylkunststoff.

Im Bug und Heck ist glasfaserverstärktes Polyester verarbeitet. Die Haubenscharniere stammen vom Skoda MB 1000. Für das Dach und die Flügeltüren wurden Stahlblech, aber teilweise auch Aluminium verwendet. Aufwendig war das Formen des gewölbten Dachblechs mit den Ausschnitten für die Türen. Die Passform der Karosserieteile wurde an jeden Rohbau individuell angepasst und danach lackiert. Nach dem Durchhärten des Lacks erfolgte Schritt für Schritt das Montieren der Blechteile. Der Überrollbügel ist in die B-Säule integriert. Scheibenrahmen und Überrollbügel sind mit zwei Dachstreben verbunden, an denen die Flügeltüren angeschlagen sind.

Die Bodenwanne besteht aus Aluminiumblech. Die Tanks mit einer Füllmenge von jeweils 25 Litern liegen unter dem rechten und linken Schweller und damit dicht am physikalischen Schwerbeziehungsweise Drehpunkt des Fahrzeugs. Ein Überlauf sorgt für einen ausgeglichenen Füllstand. Ein abnehmendes Kraftstoffvolumen macht das Fahrzeug einfach nur leichter, verschiebt aber nicht dessen Schwerpunkt in Längsrichtung. Ein Effekt, den Rennprofis zu schätzen wissen. Die Form der Tanks beziehungsweise Schweller ähnelt auf jeder Fahrzeugseite einem lang gezogenen, sichnach vorne verbreiternden Dreieck. Die Konsequenz ist eine spezielle Einstiegstechnik: Während man sich mit einer Hand an der Dachkante festhält, gleitet man mit einem weiten Spreizschritt über den Schweller in die beinahe liegende Sitzposition. Es kann also aufreizend interessant sein, wenn Damen, die keinen knöchellangen, weit schwingenden Rock oder Hosen tragen, in einem Melkus Platz nehmen.

Ein Hilfsrahmen für die Aufnahme des Motors

Für die Aufnahme des Mittelmotors im RS 1000 hatte der Wartburg 353 nichts zu bieten, denn der fuhr mit einem Frontmotor. Deshalb konstruierte Heinz Melkus für den RS einen Hilfsrahmen, den er mit dem Kasten-profilrahmen verschweißte. Das Getriebe setzte er aus zwei Viergang-Getrieben des Wartburgs zusammen. Deren Getriebewellen wurden durchtrennt und aus ihren Fragmenten eine verlängerte Getriebewelle für den RS gebildet. Ein Arbeitsgang, bei dem alles bis auf den Bruchteil eines Millimeters genau stimmen musste.

ADMV – Allgemeiner Deutscher Motorsport Verband

Der ADMV war in der DDR der Nationale Verband für Automobilsport, Motorradsport sowie Motorbootund Wasserskisport. Er förderte den Motorsport, die regionalen Motorsportvereine und richtete nationale und internationale Wettbewerbe aus. Für die Erteilung und Vergabe von Rennfahrerlizenzen war er ebenfalls zuständig. Nach seiner Gründung am 2. Juni 1957 war der Verband der FIA, FIM, UIM und der UMSN beigetreten. Als Highlights im Automobil- und Motorradsport galten die Pneumant-Rallye, die Motorradgeländefahrt in Zschopau, die Rennen auf dem Sachsenring, in Schleiz und auf der Autobahnrennstrecke Bernauer Schleife und die Motocrosswettbewerbe in Alpolda, Schwerin, Gumpelstadt und Teutschenthal. Ab 1973 war das Teilnehmerfeld auf Fahrer aus den Ostblockstaaten beschränkt. Der „Pokal für Frieden und Freundschaft" ist als internationaler Höhepunkt in Erinnerung geblieben. Der ADMV galt zu DDR-Zeiten als eine der Massenorganisationen, mit deren Hilfe der Staat versuchte, die Interessen seiner Bürger zu kanalisieren und gegebenenfalls auch zu kontrollieren. Diskussionen waren möglich, Opposition nicht. In diesen von außen auferlegten Grenzen gelang dem ADMV eine Interessenvertretung der Motorsportler, die diesen Namen tatsächlich verdient. Der Verband sorgte für die Bereitstellung von Fahrzeugen, Baugruppen und Ersatzteilen. Er half bei Materialzuweisungen, Kleinserientechnik und Reisen zu den Veranstaltungsorten. Bernd Gellert aus Wernigerode, der es im Zeitfahren bis zum Kreismeister brachte, erinnert sich: „Der ADMV hat bei mir die Hälfte der Benzinkosten für die Reise zu den Rennen übernommen." Die Homologation der Rallyefahrzeuge erfolgte durch den ADMV.

Ungewohnt, aber komfortabel: Die halb liegende Sitzposition von Fahrer und Beifahrer ist der flachen Bauweise geschuldet.

Das Ergänzen eines fünften Gangs war erforderlich, weil nur in diesem Übersetzungsverhältnis die höhere Endgeschwindigkeit realisiert werden konnte. Im RS ist der Standardmotor aus dem Wartburg 353 mit drei BVZ-Vergasern bestückt, die Überströmkanäle sind geschliffen und bearbeitet. Ein Motorkopf vom Barkas und eine Sportkurbelwelle ergänzen die Modifizierung. Die Auspuffanlage ist ein Eigenbau mit einem veränderten Krümmer. Am Auspufftopf war mit verschiedenen Längen und Querschnitten so lange experimentiert worden, bis das Optimum erreicht war. Ein Nachschalldämpfer rundet den Eigenbau ab.

Höchstgeschwindigkeiten auf öffentlichen Straßen und bei Rennen sind nicht identisch

Das leistungsgesteigerte Serienaggregat aus dem Wartburg 353 erzeugt in dieser Basiskonfiguration 70 PS bei 4.500 Touren. Eine Alternative ist das Aufbohren des identischen Motors auf 1.118 cm3. Dieselbe PS-Leistung wird bei 4.750 Touren erreicht.
170 km/h attestieren die Fahrzeugpapiere auf öffentlichen Straßen. Die maximale Rennleistung lässt sich durch den Austausch gegen größere Rennvergaser, eine Bestückung mit größeren Düsen, den Abbau des Nachschalldämpfers und des Luftfilters errei-

chen. Die Leistung liegt dann bei 115 PS, die Höchstgeschwindigkeit über 200 km/h. Die Bordinstrumente sind Sonderanfertigungen für den Rallyesport.

Die Strömungsverhältnisse sind eine Wissenschaft für sich

Windkanaluntersuchungen hatten für damalige Verhältnisse den erstklassigen cw-Wert von 0,29 ergeben. Die Aerodynamik ist so ausgelegt, dass beim Fahren die gesamte Luft an der Karosserie vorbeiströmt. Windflips an den Scheibenwischern sorgen dafür, dass diese durch den unmittelbar auf der Karosserieoberfläche erzeugten Unterdruck nicht von der Scheibe gesaugt werden. Die Kühlluft für den nach vorne verlegten Motorkühler tritt an der Fahrzeugfront ein und durch einen Lüftungsspalt zwischen Motorhaube und dem vorderen Schriftzug „RS 1000" wieder aus. Normalerweise würden die Strömungsverhältnisse einen Austritt der Kühlluft verhindern und einen Rückstau am Kühlluftkanal verursachen. Deshalb ist vor dem Austritt eine nach oben angestellte Blechleiste aufgeschraubt. Der abgelenkte Fahrtwind erzeugt einen Unterdruck. Dieser saugt die Kühlluft durch den Luftaustritt aus dem Kühlluftkanal heraus. Das gleiche Prinzip wird auf der Rückseite des Fahrzeugs angewendet. Ein in das vollständig aufklappbare Heck integrierter Spoiler saugt die Warmluft aus dem Fahrzeuginneren. Das Entlüftungsgitter stammt aus dem Trabant. Ein spürbar kühlender Luftzug weht allerdings nur bei heruntergekurbelten Seitenscheiben durch das Cockpit.

Sensationelles Fahrvergnügen

Schon beim Betätigen des Anlassers kommt kein Zweifel auf, dass ein Rennaggregat zum Leben erweckt wird. Das Triebwerk nimmt mit einem kurzen, kernigen Brüller die Arbeit auf. Fällt die Drehzahl in den Leerlauf zurück, ist das typische Klackern des Zweitakters zu hören. Dabei erzeugt jede Zündung ein Echo, das unwillkürlich den Gedanken an das erwar-

Seltene Vielfalt: RS-1000Besitzer holen ihre Sportwagen nur bei besonderen Gelegenheiten aus der Garage. Nur wer sich verpflichtete, Rennen zu fahren, durfte einen RS 1000 kaufen.

Nicht unbedingt identisch: Die Instrumente stammten aus dem aktuellen Angebot des Sport und Rallyezubehörhandels. Schnelles Gangwechseln begünstigt die robuste Kupplung aus dem Barkas B 1000. Die Anordnung der Pedale ist vom Wartburg übernommen, ihre Ausgestaltung aber griffiger als beim Spendermodell.

Erlebnis mit Suchtpotenzial: Geschwindigkeit wird in einem Melkus nicht über den angezeigten Wert auf dem Tacho, sondern über ein unvergleichliches Fahrgefühl definiert.

tungsvolle Zerren eines Vollblutrennpferds an der Kandare erinnert, bevor das Rennen beginnt. Nach dem Betätigen des Gaspedals folgt puristisches Vergnügen.
Das fast ungedämmt in die Mittelzelle eindringende Motorgeräusch klingt wie das Donnern einer hochfrequent schwingenden Metallplatte. Oder wie das Heavy-Metal-Solo einer E-Gitarre. Einmalig, diese Geräuschkulisse. Lenkung und Dämpfung vermitteln das Gefühl, als ob der Renner auf der Straße klebt. Der Vergleich „wie auf Schienen" passt nicht. Schienenstöße dringen wesentlich ungefilterter in ein Fahrgastabteil der Eisenbahn respektive in den Führerstand einer Lokomotive. Fahrbahnunebenheiten quittiert der RS mit einem angedeuteten Zucken der Zelle. Geschwindigkeit wird in einem Melkus nicht über den angezeigten Wert auf dem Tacho definiert, sondern über den Fahrspaß – und der beginnt grenzwertig oberhalb des Leerlaufs.
Schnelles Gangwechseln begünstigt die robuste Kupplung aus dem Barkas B 1000. Überraschend schnell ist der Wechsel vom vierten in den fünften Gang erreicht. Was folgt, ist eine Besonderheit des RS 1000. Der an dem serienmäßigen ViergangGetriebe des Wartburgs ergänzte fünfte Gang liegt bei der H-Kulissenschaltung gegenüber vom Rückwärtsgang. Beim Hochschalten muss also die Ebene des ersten und zweiten Gangs gekreuzt werden.

Abgebaute Motorteile bewachte die Ehefrau

Frank Nutschan berichtet, wie einfach es damals bei den Rennen zuging. Nachdem der Fahrer und seine Frau mit dem Melkus zum Austragungsort gefahren waren, baute der Fahrer den Motor um: „Während des Rennens saß die Frau auf der Wiese, neben ihr auf einer

Pokal für Frieden und Freundschaft

Die nationalen Verbände (nach FIA gleich ASN) der DDR, UdSSR, Tschechoslowakei sowie Ungarn, Bulgarien, Rumänien und Polen hatten ab Ende der 1960er-Jahre sportliche Wettkämpfe untereinander vereinbart. Der Pokal für Frieden und Freundschaft galt als die höchstrangige internationale Meisterschaft der sozialistischen Ostblock-Staaten. Jedes Land schickte eine Nationalmannschaft. Diese bestand im Rallyesport aus fünf homologierten Wagen mit Fahrer und Beifahrer, sechs Mechanikern sowie einem Mannschafts- und einem Delegationsleiter. Im Automobilrundstreckensport setzte sich die Mannschaft aus vier Tourenwagen und aus vier formelfreien Rennwagen mit je einem Fahrer zusammen. Zum Team gehörten je Auto zwei Mechaniker sowie ebenfalls Mannschafts- und Delegationsleiter. Auch im Autocross mit vier Sportfahrzeugen und im Kart mit je fünf Startern waren Vereinbarungen abgeschlossen.
Als Veranstalter fungierten die Automobilverbände der gastgebenden Länder, in der DDR der ADMV. Der ausrichtende Verband übernahm die gesamten Kosten für alle teilnehmenden Mannschaften. In diesen Kosten waren enthalten: Übernachtung, Taschengeld, Vollverpflegung, Kraftstoff und zum Teil Preisgeld. So überwies der ADMV dem durchführenden Ortsclub als Ausrichter das gesamte Budget für den Aufenthalt aller Teilnehmer. Hinzu kam die Pflichtversicherung für die Veranstaltung und das Team der DDR. Reiste die Mannschaft der DDR im Gegenzug in ein anderes Land, übernahm der ADMV die Reisekosten und die Tagessätze, die sich aus Verpflegungsund Taschengeld zusammensetzten.
Die Kaskoversicherung für die Rennfahrzeuge kam in den 1980er-Jahren dazu. Obwohl ein Mangel an Ersatzteilen bestand, war im „Fall des Falles" zumindest finanziell geholfen.

Modifizierter Motor: Durch drei BVZ-Vergaser von MZ, geschliffene und bearbeitete Überströmkanäle, einen Motorkopf vom Barkas und eine Sportkurbelwelle wird die Leistungssteigerung erreicht.

Decke lagen die abgebauten Motorteile." Der RS 1000 war nach dem FIAReglement in der Gruppe 4 (Sportwagen bis 1,3 Liter) homologiert. Seine Domäne waren Rundstrecken und Bergrennen. Der Chefmechaniker erinnert sich an die Austragungsorte Schleiz, Frohburg, Brünn, Sternberg, den Sachsenring und an viele Bergrennen in Tschechien, Polen und der DDR. Für ihn als Techniker war vor allem die Technik der Rennautos aus anderen Ländern interessant.

Beim Pokal der sozialistischen Länder für Frieden und Freundschaft bildeten die jeweils vier besten Teams eines Landes die Nationalmannschaft; der Gastgeber übernahm die Finanzierung des Rennens und die Unterbringung der Teams. Nur um Anund Abreise hatten sich die Teilnehmer selbst zu kümmern. Der einzige politische Aspekt war der Name des Pokals. Alles andere, so der Chefmechaniker, sei puristische Motorsportatmosphäre und freundschaftlich-kameradschaftlicher Umgang der Teams auch über Ländergrenzen hinweg gewesen. Den Zuschauern, erzählt der Haudegen weiter, sei bei den Rennen in der DDR für damalige Verhältnisse viel geboten worden: Rennatmosphäre, Rennwagen und das Dröhnen der Motoren. Auch eine Bockwurst und Bier habe es für die Besucher gegeben: „Die Leute waren am freien Wochenende beschäftigt, ohne Zeit für schlechte Gedanken über den Staat und seine Mangelwirtschaft zu haben ...!"

Experimentell optimiert: Die Auspuffanlage ist ein Eigenbau.

Rennsport war die Bedingung

Den RS 1000 konnte man kaufen, aber nicht jeder durfte ihn kaufen. Trotz seines auch für damalige Verhältnisse stolzen Preises von knapp 30.000 (Ost-)Mark war der Sportwagen äußerst begehrt. Doch der angehende Besitzer musste knallharte Bedingungen erfüllen. Allein die Verpflichtung, mit dem RS 1000 Rennen zu fahren, eröffnete die Aussicht auf dessen Besitz. Dazu hatte der Interessent Mitglied im ADMV und im Besitz einer Rennlizenz zu sein. Diese drei Bedingungen – die Verpflichtungserklärung Rennen zu fahren, die Mitgliedschaft im ADMV und die Rennlizenz – waren die zwingenden Voraussetzungen, um als Käufer für einen RS 1000 infrage zu kommen. Punkt. Prominenz, Parteimitgliedschaft, Beziehungen – Eigenschaften, die sonst durchaus hilfreich waren – spielten keine Rolle. Der Renneinsatz war in einem Art Fahrzeugbegleitbuch durch Rennstempel nachzuweisen.

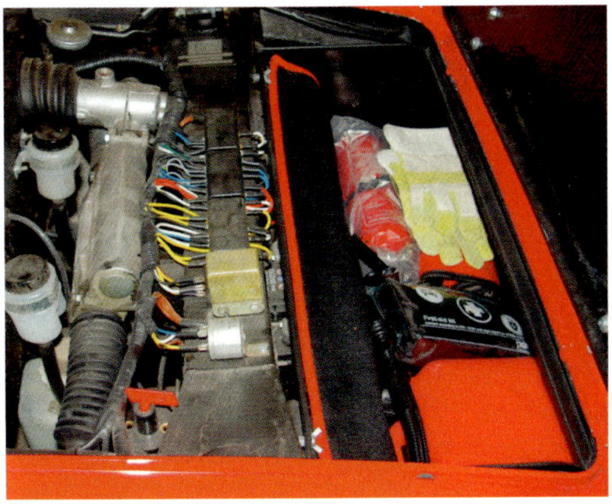

Voraussetzung für die Straßenzulassung: Ganz vorne ist ein kleiner Kofferraum untergebracht.

Handarbeit: Nach dem Durchhärten des Lacks werden die Karosserieteile montiert.

Alle waren zufrieden

Allerdings gab es einen Umweg, auf dem diese Bedingungen – zumindest deren sozialistische Sinnhaftigkeit – teilweise umgangen werden konnten. Voraussetzung war die Erkenntnis, dass ein Käufer bei einem Renneinsatz verhindert sein konnte. Aus zwingenden Gründen, zum Beispiel beruflicher oder gesundheitlicher Art. Das Stichwort hieß „Ersatzfahrer". Frank Nutschan erinnert sich: „Da gab es, sagen wir mal, den Handwerksmeister. Der hatte Geld und wollte einen RS haben. Natürlich nicht um selbst Rennen zu fahren. Aber er konnte sich verpflichten, seinen RS bei Rennen fahren zu lassen. Mit einem lizenzierten Rennfahrer am Steuer. Also bestellte er bei Heinz Melkus einen RS. Anzahlung, Zwischenzahlung, Endzahlung, das war damals so üblich. Schließlich mussten während der Produktion die Teile bezahlt werden. Nachdem er den RS gekauft hatte, ließ er – zum Beispiel mit Heinz Melkus selbst am Steuer – seinen RS einige Rennen fahren. Die Bedingungen waren erfüllt, und alle waren zufrieden."

Die Produktion des RS wird eingestellt

1979 waren einhundertundein Melkus RS 1000 ausgeliefert. Immer wieder ist nachzulesen, Heinz Melkus habe die behördliche Genehmigung für den Bau dieser Anzahl an Einheiten gehabt. Die Familie Melkus schüttelt etwas verlegen die Köpfe. Es gibt kein Dokument, das diese Behördenauflage bestätigt. Historiker aus Dresden vermuten eher, dass in der zweiten Hälfte der 1970er-Jahre die Materialzuweisungen ins Stocken gerieten und schließlich ganz ausblieben. Wenn das wahr ist, dann hätte der Staat nicht in dem Maße seine schützende Hand über die Produktion des RS gehalten, wie es immer wieder behauptet wird. Bei einer Kontingentierung hätte der Staat – zumindest indirekt – die Gewähr für die

Hochklappbar: Unter dem Fahrzeugheck sind das Reserverad und der Motor frei zugänglich. Zu sehen ist eine Sonderausstattung, denn auf Kundenwunsch werden die Motorteile auch verchromt.

Materialversorgung übernommen. Hat es aber keine Produktionsbegrenzung gegeben, sondern nur die grundsätzliche Genehmigung zum Bau des RS, so hatte Heinz Melkus sich nicht nur um die Technik, sondern auch um die Teileversorgung ganz allein zu kümmern. Wer sich mit dem Bilanzierungssystem in der DDR ausgekannt hat, weiß, was das bedeutete ... Das Lebenswerk von Heinz Melkus wäre noch größer, als es ohnehin schon ist.

Maßarbeit: Die Karosserieteile aus GFK werden an den Blechrohbau angepasst.

Der „Alltag" kehrt zurück ...

Das Familienteam widmete sich wieder ausschließlich dem Bau und dem Modifizieren von reinen Rennfahrzeugen und der Teilnahme mit diesen Rennern an Wettbewerben. Ulli Melkus, der erste Sohn von Heinz Melkus, gewann fünfmal den Titel DDRMeister, fünfmal war er Gewinner des Pokals für Frieden und Freundschaft und neunmal Vizemeister in der DDR. Noch während er am Bau des RS 1000 beteiligt war, konstruierte er sein erstes eigenes Projekt, den Melkus Spider. Für seine Erfolge hatte er 1984 die höchste Auszeichnung der DDR im Sport verliehen bekommen. Ulli Melkus steht in der Ewigen Bestenliste des ADMV. 1990 konstruierte er den ersten Rennwagen mit BMWMotor. Im selben Jahr verunglückte er bei einem Verkehrsunfall tödlich. Peter Melkus, der zweite Sohn von Heinz Melkus, war seit seinem 14. Lebensjahr im K-Wagensport aktiv; ab 1973 fuhr er nationale und internationale Sportwagenrennen mit dem RS 1000. Von 1977 bis 1980 fuhr er in der höchsten Rennfahrzeugklasse der DDR. Dem historischen Motorradrennsport widmete er sich mit einer Indian, Baujahr 1927. Nach der deutschen Einheit startete er mit einem BMW M3 E30 in der Deutschen Tourenwagen Challenge. Er nahm an der Caterham Yokohama Challenge, dem Lotus Cup und mehreren Tourenwagen-Cups teil. Bei historischen Einsätzen fährt er die von Heinz Melkus konstruierte „Zigarre" und den RS 1000.

Limitierte Sonderserie „Heinz Melkus"

Nach der Wende löste das Autohaus Melkus GmbH die Fahrschule ab. Die Niederlassung war die erste BMW-Vertretung in den neuen Bundesländern. Die Leidenschaft für den Motorsport blieb in der Familie. So auch bei Sepp Melkus, Enkel von Heinz Melkus und jüngster Spross der Dresdner Familiendynastie. Vor zwei Jahren nahm

Gemeinsame Arbeit: Peter Melkus und Karosseriebaumeister Siegfried Anacker (rechts) justieren den Anschlag der Türen.

das Leben des jungen Dresdners eine entscheidende Wende. Bis dahin war seit seinem neunten Lebensjahr keine Saison vergangen, in der er in nicht mindestens einer Rennserie die Drehzahl mitbestimmt hätte. 2006 beendete der erfolgreiche Rennfahrer abrupt seine Laufbahn im Motorsport. Denn in diesem Jahr fiel die Entscheidung, den legendären Melkus RS 1000 in einer limitierten Sonderserie „Edition Heinz Melkus" originalgetreu neu aufzulegen.

Heinz Melkus war ein Jahr zuvor, inzwischen eine Rennsportikone in den neuen Bundesländern, im Alter von 78 Jahren verstorben. Trotz seiner Erfolge hatte er nie die Bodenhaftung verloren. Zu seinem 70. Geburtstag erwiesen ihm die Besitzer aller fahrbereiten RS 1000 die Ehre. Indem sie alle mit ihren hochglänzenden Rennern auf seinem Dresdner Betriebsgelände aufgefahren waren. Fassungslos hatte er auf „seine" Flotte geblickt und kaum begreifen wollen, welchen Nimbus diese Sportwagen erlangt hatten. Es muss ihm aber doch sehr nahe gegangen sein. Ein Kenner der Familie Melkus weiß, Peter Melkus habe seinem Vater auf dem Sterbebett versprechen müssen, den RS 1000 wieder aufleben zu lassen. Und er gab ihm noch ein zweites Versprechen ... Auch über dieses Versprechen werden wir berichten. Haben Sie, bitte, noch zwei Minuten Geduld.

Die Geschäftsform ist historisch bedingt

Für die Produktion der Sonderserie gründeten Peter Melkus und sein Sohn Sepp die Melkus Sportwagen KG. Der Vater übernahm die Rolle des Produktionsleiters, sein Sohn die des Geschäftsführers. Nicht nur beim Fahrzeugbau, auch beim Firmennamen wollten sie die Tradition der früheren Heinz Melkus KG fortsetzen. Sepp Melkus: „Eine GmbH hätte mehr Vorteile geboten, aber uns war auch bei der Gesellschaftsform die Originalität wichtig!" Einer der sieben Mitarbeiter ist der alte Karosseriebaumeister von Heinz Melkus. Gänzlich unspektakulär begann die Montage der Sonderserie in den identischen Räumen, in denen der Altmeister sein Werk geschaffen hat. Wer die Adresse in einer Nebenstraße des Stadtteils Dresden-Bühlau gekannt hat, der konnte bis Ende 2007 aus wenigen Metern Entfernung durch die geöffneten Hallentore zuschauen, wie auf den Montageböcken die Sonderserienfahrzeuge montiert wurden. Anfang 2008 zog der Betrieb ins Gewerbegebiet in Dresden-Weißig um.

Problemlose Teileversorgung

Für das Rekonstruieren des RS 1000 erwies es sich als ungeheurer Vorteil, dass das Fahrzeug auf der Grundlage von Standardkomponenten des Wartburgs entwickelt worden war. Diese sind auf dem Markt weiterhin ohne Probleme zu beschaffen. Wenn es sein muss, auf privaten Oldtimer-Teilemärkten. Nach dem Regenerieren sind die Teile neuwertig. Das Verfahren ist aufwendig, aber der Originalität geschuldet. Wenn bei Wartburg-Motoren das erste oder zweite Schleifmaß erreicht ist, können sie – nach einer Generalüberholung – weiterverwendet werden. Kolben stammen aus Altbeständen oder sie werden von einer Magdeburger Firma, die noch im Besitz alter Kolben ist, durch das Übertragen des Schleifmaßes angefertigt.

Originalgetreuer Nachbau

Die limitierte Neuauflage ist baugleich mit der alten Serie. Bis auf einige unauffällige Modifizierungen. Das Team verwendet, soweit möglich, den Baustoff GFK; auch die Türen sind daraus gefertigt. Sie bestehen aus einer Außenund einer Innenschale. Ein dazwischen liegender Gitterrahmen reicht bis zum Türschloss. Das stammt immer noch vom Trabant. Die Federdämpfer, mit denen die hochgeklappten Flügeltüren fixiert wurden, sind durch Gasdruckdämpfer ersetzt worden. Die alten Federdämpfer zeigten im Verlauf der Zeit Ermüdungserscheinungen. „Früher sah die typische Position eines Melkus-Fahrers bei geöffneten Türen so aus ...", erklärt Sepp Melkus, klappt eine Tür hoch und stellt sich so neben den RS, dass der Türrahmen auf seiner Schulter aufliegt. Mit leichtem Aufund Abbewegen seiner Schulter mimt er, wie eine offene Tür am Zufallen gehindert werden musste. Optional lassen sich die hinteren Dreiecksfenster zur Belüftung des Innenraums ausstellen.
Das Montieren eines RS 1000 dauert zwei Monate, wobei in der Manufaktur an zwei bis drei Fahrzeugen gleichzeitig gearbeitet werden kann. Jedes Einzelstück aus der Sonderserie „Edition Heinz Melkus" kostet 50.000 Euro. Die Nachricht über die limitierte Neuauflage war noch gar nicht richtig veröffentlicht, da war die Serie bereits vergriffen und die Bestellungen unterschrieben. Auch beim „Nachbau" gelten dieselben Zahlungsmodalitäten wie vor über 30 Jahren: Anzahlung, Zwischenzahlung, Endzahlung. Peter Melkus: „Wir brauchten deshalb keine Finanzierung. Das Projekt stand von Anfang an auf wirtschaftlich gesunden Beinen."
Die Sonderserie ist auf 15 Fahrzeuge begrenzt. Wegen der ungeheuren Nachfrage beabsichtigt die Melkus Sportwagen KG, noch eine begrenzte Anzahl reinrassiger Rennversionen ohne Straßenzulassung nachzufertigen. Der erste RS 1000 der „Sonderedition Heinz Melkus" wurde im November 2006 im Lichthof des Verkehrsmuseums Dresden seinem Besitzer übergeben. Am 13. Oktober feierte das MelkusTeam auf dem Sachsenring die Auslieferung des zehnten RS 1000 der „Sonderedition Heinz Melkus".

Nachfolger: der RS 2000

Eine Aufstockung der Sonderserie ist nicht geplant. Denn dazu hat das Team keine Zeit. Inzwischen ist – und jetzt kommt der Clou – ein Nachfolgemodell in Planung. Erste Rohskizzen durfte der Verfasser dieser Zeilen schon sehen. Auf dem Sachsenring präsentierte das Melkus-Team das erste 1:4-Modell des neuen RS 2000 der Öffentlichkeit. Der Nachfolger wird – wie seine Vorgänger – von Hand angefertigt werden, die typischen Melkus-Merkmale bleiben erhalten: Leichtbauweise, geringer Luftwiderstand, Mittelmotor, Flügeltüren, ein ähnliches Design mit den signifikant geschwungenen Kotflügeln. Nur den Zweitakter, den werden die Konstrukteure durch einen Viertakter ersetzen. Den Rumpfmotor lie-

Melkus RS 2000 im 1:4-Modell: Der Nachfolger des RS 1000 wurde auf dem Sachsenring vorgestellt. Das Fertigstellen des Prototyps ist für 2008 geplant, die Auslieferung des ersten Serienfahrzeugs für 2009 vorgesehen

fert ein deutscher Serienhersteller. Die Leistung des Vierzylinder-Reihenmotors mit Kompressor und Turboaufladung soll zwischen 200 und 300 PS liegen. Bei 250 km/h riegelt ein Begrenzer die Beschleunigung ab. 2008 stellt Melkus den Prototyp vor. Die Auslieferung des ersten Serienfahrzeugs ist für das Jahr 2009 geplant.

Das zweite Versprechen

„So ein Auto werden wir auch einmal bauen ..." – wer das Autohaus in Dresden besucht, der findet in den Räumen einen eindeutigen Hinweis, dass die Überlieferung stimmt. Hinter zwei Sitzgruppen und halblinks neben einem der Kundendiensttresen stehen in einem kleinen gläsernen Ausstellungsraum Lotus-Sportwagen. Neben BMW vertreibt das Autohaus auch diese exklusive Marke. Eine Referenz an das Auto, dessen Anblick damals in Jugoslawien Heinz Melkus inspiriert hat! Ideen, die im neuen RS 2000 weiterleben: „Leider erlebt er es auf Erden nicht mehr mit, aber er bestaunt nun sicher das Geschehen aus dem Himmel." Mit diesem Satz schließt die Homepage über den Melkus-Sportwagenbau (www.melkus-sportwagen.de). Den RS 1000 weiterzuentwickeln und einen Nachfolger zu bauen, war das zweite Versprechen, das Peter Melkus seinem Vater gegeben hat.

Modell	Melkus RS 1000	Melkus RS 1000 (Rennausführung)
Motor	Dreizylinder-Zweitaktmotor flüssigkeitsgekühlt von AWE	Dreizylinder-Zweitaktmotor flüssigkeitsgekühlt von AWE
Hubraum (cm3)	992	1.150
Leistung (PS)	70	100
bei Drehzahl (U/min.)	4.500	4.500
Drehmoment (Nm)	118	118
bei Drehzahl (U/min.)	3.500	3.500
Gemischaufbereitung	3 Zentralschwimmer-Fallstromvergaser BVF 28	3 Rennvergaser
Getriebe	Fünfgang-Schaltgetriebe auf der Basis der W-353-4-Gang-Getriebes	Fünfgang-Schaltgetriebe auf der Basis der W-353-4-Gang-Getriebes
Antrieb	Heck	Heck
Fahrgestell	modifizierter Kastenprofilrahmen von AWE 353, verstärkt durch Y-Mitteltraverse, geänderte Federaufnahme, Motor- und Getriebeaufnahme im Heck	modifizierter Kastenprofilrahmen von AWE 353, verstärkt durch Y-Mitteltraverse, geänderte Federaufnahme, Motor- und Getriebeaufnahme im Heck
Fahrwerk vorn	Einzelradaufhängung mit Doppelquer-lenkern, Schraubenfedern und Teleskop-Stoßdämpfern	Einzelradaufhängung mit Doppelquer-lenkern, Schraubenfedern und Teleskop-Stoßdämpfern
Fahrwerk hinten	Schräglenker, Schraubenfedern, Teleskop-Stoßdämpfer mit Querstabilisatoren	Schräglenker, Schraubenfedern, Teleskop-Stoßdämpfer mit Querstabilisatoren
Felgen	6 J x 13	6 J x 13
Reifen	155 SR 13, 165 SR 13, 205 SR 13	155 SR 13, 165 SR 13, 205 SR 13
Bremsen	Zweikreisbremsanlage mit Trommelbremsen vorne optional mit Scheibenbremsen, Zweikreisbremssystem mit Waagebalken	Zweikreisbremsanlage mit Trommelbremsen vorne optional mit Scheibenbremsen, Zweikreisbremssystem mit Waagebalken
Höchstgeschwindigkeit (km/h)	165	200
Beschleunigung (0–100 km/h)	14 s	k. A.
Radstand (mm, vorne/hinten)	1.340/1.380	1.340/1.380
L x B x H (mm)	4.000 x 1.700 x 1.070	4.000 x 1.700 x 1.070
Leergewicht (kg)	690	510
Zulässiges Höchstgewicht (kg)	940	940
Tankinhalt (Liter)	2 x 25	2 x 25
Kraftstoffart	Öl-Benzin-Gemisch 1:33	Öl-Benzin-Gemisch 1:33
Bauzeit	1968–1979	1968–1979
Stückzahl	101	k. A. (modifiziert aus der Standardausführung)
Motorsportmodifikationen	Überrollbügel mit Streben (gemäß FIA-Reglement), Stromhauptschalter, Stromhauptschalter, Feuerlöschanlage, Rennsitze, Sportfahrwerk, 13-Zoll-Aluminium-Räder	Überrollbügel mit Streben (gemäß FIA-Reglement), Stromhauptschalter, Stromhauptschalter, Feuerlöschanlage, Rennsitze, Sportfahrwerk, 13-Zoll-Aluminium-Räder
Neuwagenpreis	28.600 bis 29.800 (DDR-)Mark	k. A.

Modell	Melkus RS 1000 Sonderedition „Heinz Melkus"	Melkus RS 2000 (vorläufige Daten)
Motor	Dreizylinder-Zweitaktmotor flüssigkeitsgekühlt von AWE	Vierzylinder-Reihenmotor mit Kompressor und Turboaufladung in Mittellage (quer eingebaut)
Hubraum (cm3)	993	2.000
Leistung (PS)	75	200–300
bei Drehzahl (U/min.)	4.500	
Drehmoment (Nm)	120	
bei Drehzahl (U/min.)	3.500	
Gemischaufbereitung	3 Zentralschwimmer-Fallstromvergaser BVF 30	
Getriebe	Fünfgang-Schaltgetriebe auf der Basis der W-353-4-Gang-Getriebes	Sechsgang-Schaltgetriebe
Antrieb	Heck	
Fahrgestell	modifizierter Kastenprofilrahmen von AWE 353, verstärkt durch Y-Mitteltraverse, geänderte Federaufnahme, Motor- und Getriebeaufnahme im Heck	Gitterrohrrahmen mit integriertem Überrollbügel
Fahrwerk vorn	Einzelradaufhängung mit Doppelquer-lenkern, Schraubenfedern und Teleskop-Stoßdämpfern	
Fahrwerk hinten	Schräglenker, Schraubenfedern, Teleskop-Stoßdämpfer mit Querstabilisatoren	
Felgen	6 J x 13	17 Zoll
Reifen	205 SR 13	
Bremsen	vorne Scheibenbremsen mit 4-Kolben-Bremssattel hinten Trommelbremsen W 353 mit Magnesium-Brems-Zweikreisbremssystem mit Waagebalken	VA 4-Kolben-Festsattelscheibenbremsen,
Höchstgeschwindigkeit (km/h)	170	250
Beschleunigung (0–100 km/h)	k. A.	
Radstand (mm, vorne/hinten)	1.340/1.380	
L x B x H (mm)	4.000 x 1.700 x 1.070	4.000 x 1.800 x 1.120
Leergewicht (kg)	680–700	1.000
Zulässiges Höchstgewicht (kg)	940	
Tankinhalt (Liter)	2 x 25	
Kraftstoffart	Öl-Benzin-Gemisch 1:33 bis 1:50	
Bauzeit	2006–2008	
Stückzahl	20	25 pro Jahr
Motorsportmodifikationen	Überrollbügel mit Streben (gemäß FIA-Reglement, Rennsitze mit 4/6-Punkt-Sicherheitsgurten, Sportfahrwerk, 9-Zoll-Elekron-Felgen, Motorkit für 85 PS, Rennmotor mit 1.100 cm3 und 95 PS	
Neuwagenpreis	ab 49.500 Euro	k. A.

AUTOS AUS EISENACH

Zweimal stand die Produktion des Wartburgs auf des Messers Schneide. Der Wartburg 311 war eine Schwarzentwicklung, die nachträglich legalisiert wurde. Die bereits angelaufene Produktion des Wartburg 353 konnte nur eine politische Intrige retten. Der Motorisierungsgegner Günter Mittag zog die Strippen und rettete die Automobilproduktion in Eisenach.

AvD
DBR SL 45H

Neubeginn nach dem Krieg

Historischer Boden in Eisenach. Unten links ist heute das Büro des Eisenacher Wartburgclubs untergebracht, rechts saß früher der Werkschutz, oben die Kaderabteilung (Personalabteilung).

Eisenach: Es ist historischer Boden, den man mit dem Durchschreiten des Eingangsportals betritt. Hinter dem renovierten Eingangsportal liegt das ehemalige Betriebsgelände des Automobilwerks Eisenach (AWE). Hier endete vor etwas mehr als 15 Jahren eine 90-jährige Tradition eigenständigen Eisenacher Automobilbaus. Die Dämmerung ist früh hereingebrochen an diesem Herbstnachmittag. Die Wartburg, das Wahrzeichen der Stadt, versteckt sich hinter tief hängenden Wolken. Dort oben, in der ehemaligen Residenz der thüringischen Landgrafen, übersetzte Martin Luther das Neue Testament. 1817 war die Burg der Schauplatz des berühmten Treffens deutscher Burschenschaften. Sie forderten die nationale Einheit des in Kleinstaaten zersplitterten Deutschlands. Das trübe Wetter passt zu der Stimmung, die einen befällt, wenn man in der Friedrich-Naumann-Straße das ehemalige Betriebsgelände des Automobilwerks Eisenach (AWE) betritt. Rechts neben der Straße steht eine Gebäuderuine. Zerstört durch den Krieg, könnte die Werkshalle O-1 1945 so ähnlich ausgesehen haben. Wieder scheint es so, als ob das geschichtsträchtige Bauwerk verfällt. Kaum eine Fensterscheibe

ist ganz. Mauerputz bröckelt von der grauen Fassade. An der Gebäudefront sieht man ein Parkplatzund ein Stoppschild, beide von Buschzweigen überwuchert. Unter dem Dach wächst eine Birke aus dem Mauerwerk.
Wer allerdings genau hinsieht, erkennt die technischen Maßnahmen zur Erhaltung der Gebäudesubstanz. Die Halle steht unter Denkmalschutz. Auf dem Dach des Portals stehen die Buchstaben AWE. Bis 1990 waren sie die Kurzfassung für „Automobilwerk Eisenach", heute passen sie auch für „automobile welt eisenach", eine Museumsausstellung, die den Eisenacher Automobilbau von den Anfängen bis in die Gegenwart dokumentiert. Hier wurde der Dixi hergestellt, der durch spektakuläre Rallyeerfolge in den Alpen von sich Reden machte. Ab 1928 waren die Bayerischen Motorenwerke, BMW, die Eigentümer des Werks. Bis zur Umstellung auf Kriegswirtschaft 1941 hatten die Bayern in Eisenach ihre Pkw produziert, und nur die Motorradherstellung war in Bayern geblieben. Nach dem Krieg begann hier die Fahrzeugproduktion aufs Neue. Zunächst unter sowjetischer Verwaltung, aber wieder unter dem Herstellerzeichen BMW

Unverändert: Die Beschilderung des früheren Besucherparkplatzes. So scheint die Zeit auf Teilen des ehemaligen AWE-Geländes stehengeblieben zu sein. Die Gebäude sind unter Denkmalschutz.

Rätsel oder Wunder: Das AWE wird von der Demontage zurückgestellt

Eigentlich hätte das Eisenacher Automobilwerk nach dem Krieg abgebaut und in die Sowjetunion transportiert werden sollen. Warum blieb ausgerechnet dieser Betrieb von der Demontage verschont? Bei objektiver Betrachtung war das Werk nämlich keineswegs dafür geeignet, die Produktion sofort wieder aufzunehmen. Der Zerstörungsgrad durch Bomben und Beschuss lag bei den Gebäuden bei 60 und bei den Maschinen bei 35 Prozent. Zum Vergleich: Zwickau hatte 15 beziehungsweise fünf Prozent an Schäden zu beklagen. Die Werke in Nordhausen, Zschopau, Hainichen sowie Zittau und Cottbus null Prozent. Eisenach wies also zusammen mit Sigmar den höchsten Zerstörungsgrad aller Automobilwerke auf. Wie also kam es, dass ausgerechnet Eisenach wieder produzieren durfte?
Bekannt ist, dass sich eine Delegation aus Eisenach auf den Weg zur sowjetischen Militärverwaltung machte. Ihr Anliegen: Den sowjetischen Militärchef der Ostzone, Marschall Schukow, vom Fortbestand der Eisenacher Automobilwerke zu überzeugen. Die Namen der Delegationsmitglieder sind noch heute im Eisenacher Archiv vermerkt. Doch sie waren nicht die einzigen, die bei ihm vorsprachen. Andere Automobilwerke hatten die gleiche Idee. Aber die Eisenacher Delegation brachte nicht nur gute Worte, sondern Argumente zum Anfassen und Ausprobieren mit: Einen BMW

321 und eine BMW R 35. Die müssen den Ausschlag gegeben haben. Die Eisenacher reisten mit der Vereinbarung ab, dem sowjetischen Militärchef beziehungsweise der Sowjetischen Militäradministration in Berlin als Beweis für die qualitative und quantitative Leistungsfähigkeit der Eisenacher Werke innerhalb von sechs Tagen fünf neu gefertigte BMW 321 und R 35 zu übergeben.
Dokumente schildern die sechstätige Rund-um-die-Uhr-Arbeit, die Fahndung nach Werkzeugen, Baugruppen und Ersatzteilen, das Durchsuchen von Teilelagern und Werkstätten ehemaliger Vertragshändler. Während andere das Angelieferte unter Zeitdruck montierten. Schlaf war für die Beteiligten in diesen Tagen sicher ein seltenes Gut. Tatsächlich erfüllten die Eisenacher pünktlich ihre Zusage.

Aber selbst als die BMW 321 in Berlin abgeliefert waren, konnte man sich des Erfolges nicht sicher sein. Denn die Vertreter der anderen Werke waren mit ähnlichen Zusagen nach Hause gefahren und erledigten in der Regel termingerecht ihre Versprechen. Doch es war das Automobilwerk in Eisenach, das auf Befehl der Sowjetischen Militäradministration („Befehl Nr. 93" vom 13. August 1945) von der Demontage zurückgestellt wurde. Was bewegte Schukow dazu, diesen Befehl zu unterzeichnen? War es der Nimbus, den die Marke BMW ausstrahlte? War es die Aussicht, dass Fahrzeuge mit dem Nierenkühler die Mobilität höherer
Offiziere und Führungskader sichern würden? Dass die Wagen aus Eisenach vorrangig an die Besatzer geliefert werden würden,

Die Automobilbautradition in Eisenach geht weiter, wenn auch nicht so eigenständig wie früher. Nach der Wende begann Opel mit der Vectra-Produktion in Eisenach. Auch BMW baute ein Technikwerk in der Wartburg-Stadt.

Das EMW beziehungsweise BMW 327 Coupé gilt – wie das Cabrio – als einer der gelungensten Klassiker. Vor der Produktionseinstellung orderte der belgische König eines der letzten Autos dieses Typs.

war von vornherein klar. Allein diese letzte Vermutung erscheint nach dem derzeitigen Forschungsstand plausibel. Bewiesen ist sie nicht ...

EMW 321: Basis der Nachkriegsproduktion

Das Gebäude mit der ehemaligen Bezeichnung O-2, ebenfalls unter Denkmalschutz, ist renoviert und beherbergt die Ausstellung „automobile welt eisenach". Früher lag dort das Büro des Betriebsdirektors. Diese Werkshallen wurden vor dem Zweiten Weltkrieg während der BMW-Produktion hochgezogen, als der Betrieb zügig erweitert wurde. Der im Raum A ausgestellte BMW 321, gewissermaßen das Fundament der nach dem Krieg wiederaufgenommenen Produktion, ist im Eisenacher Museum für die Freunde der Fotografie etwas ungünstig platziert. Der Zweitürer war ein bewährtes Vorkriegsmodell, dessen einfache Konstruktion fast unverändert beibehalten werden konnte. Markant waren die elegant geschwungenen vorderen Kotflügel, die frei stehenden Scheinwerfer, die durchgehend verchromten Stoßstangen, die schmale, hochgezogene BMW-Niere und die geteilten Front- und Heckfenster. Der längs zur Fahrtrichtung eingebaute Sechszylinder-Reihenmotor hatte einen Hubraum von 1.971

Das EMW 327 Cabrio gilt als zeitlos elegant, der Wert kann nicht geschätzt werden. Wie viele dieser Klassiker noch fahrbereit sind, ist nicht bekannt.

Kubik. Die Motorleistung von 45 PS beschleunigte die Limousine auf 115 km/h.
Mit dem Befehl über die „Ingangsetzung der Automobil- und Motorrad-Erzeugung in der Automobil- und Maschinenfabrik (ehem. BMW) in Eisenach/Thüringen" vom 23.10.1945 regelte die SMAD die Materialversorgung und die Produktions-abläufe. Die SMAD befahl die Verlagerung aller für die Karosserie-fertigung noch zu gebrauchenden Teile von Berlin nach Eisenach. Damals müssen die Legenden um den „Rucksack-schmuggel" entstanden sein. Da der BMW 321 mit einem Vergaser der in Westberlin ansässigen Firma Solex ausgestattet werden musste, „... erfolgte deren Abholung in Nacht- und Nebelaktionen an einem geheimen Ort in Westberlin und gegen sofortige Barzahlung. (Es durfte nichts durch die Papiere gehen!) Der Rücktransport über die Sektorengrenze erfolgte dann mittels eines geschickten Ablenkungsmanövers durch ein zweites Fahrzeug." [1]
Das „Ablenkungsmanöver" ist nicht näher beschrieben. Wir konnten in Erfahrung bringen, wie es funktioniert hat. Das zweite Fahrzeug begleitete das eigentliche Transportfahrzeug

[1] zitiert aus „100 Jahre Automobilbau in Eisenach", TIM Verlag, 2. Auflage 2001, Seite 88

als „Satellit". Machten dessen Insassen eine Kontrollstelle oder -fahrzeug aus, zogen sie durch ihr Fahrverhalten die Aufmerksamkeit der Kontrolleure auf sich, sodass der „Satellit" angehalten und überprüft wurde – während der Lkw mit der „illegalen" Ladung unauffällig vorbeifuhr oder durchgewinkt wurde. Bei Transporten mit der Eisenbahn funktionierte die Methode etwas anders. Dort wurde die illegale Ladung in den Lokomotivtendern unter der Kohle verborgen. Weil dieser Lagerort relativ schnell bekannt war, griff man zu einem Trick. Die Transportpolizei erhielt einen fingierten Tipp. Während der Tender der vermeintlichen Schmuggellokomotive leer geschaufelt wurde, erhielt der Zug mit der heißen Ware Durchfahrt. Viele setzten dabei für ihren Betrieb Kopf und Kragen aufs Spiel. Offizielle Anerkennung haben diese Menschen, die damals so viel riskiert haben, um den Automobilbau wieder in Gang zu bringen, nie bekommen.

Der Umfang des Rucksackschmuggels scheint gleichwohl ein wenig verklärt worden zu sein. Ein Insider, der auch heute noch anonym bleiben möchte, stellte uns die rhetorische Frage: „Wie viele Vergaser oder Motorradketten passen denn in einen Rucksack? Denken Sie allein an deren Gewicht!" Außerdem wies er uns auf einen Befehl der SMAD von 1946 hin, der den Handel mit den Westzonen regelte. Der Befehl habe keineswegs nur Verbote zum Inhalt gehabt.

Wahrscheinlich symbolisieren die Erzählungen vom Rucksackschmuggel etwas anderes. Die Planwirtschaft verursachte bis zu ihrem Ende immer wieder Engpässe und Materialmangel. Noch in den 1980er-Jahren habe er sich immer wieder auf „Organisationstour" begeben müssen, berichtet Peter Süssemilch, Rennfahrer und Karosseriebaumeister bei den Eisenacher Motorenwerken. Irgendeine Art von Entlohnung habe es dafür nie gegeben. Allenfalls ein paar Überstunden hätten sich die „Organisierer" mit Billigung ihrer unmittelbaren Vorgesetzten aufschreiben können

Unter Beschuss: die Automobiltransporte

Zwischen 1945 und 1950 verließen 8.996 Autos des Typs BMW 321 die Eisenacher Werkshallen. 7.148 Fahrzeuge gingen in den Export, 5.142 waren Reparationsleistungen für die Sowjetunion. Die Differenz verteilte sich auf 17 Länder, darunter die deutschen Westzonen, Österreich, die Schweiz, die Niederlande, Finnland, Schweden und Belgien. Nachdem die Pkw-Lieferungen für die Sowjetunion während des Eisenbahntransports durch Polen beschossen worden waren und die Fahrzeuge mit perforierten Karosserien an ihrem Bestimmungsort ankamen, entschlossen sich die Deutschen zur Einzelverpackung der Fahrzeuge in massiven Holzkisten. Sie schützten vor der Zerstörungslust der Attentäter. Die akribische Art der Verpackung ist im Eisenacher Museum dokumentiert.

Dem Westen um Jahre voraus

Die Nachkriegsproduktion unter dem Markenzeichen BMW hatte in Ostdeutschland Jahre eher als im Westen begonnen. Es schien, als könne sich der Westen an „BMW – made in East Germany" gewöhnen. Fast alle in Ostdeutschland verbliebenen BMW 321 kamen als Behördenfahrzeuge zum Einsatz. Sie wurden auf Verschleiß gefahren. Einige der Limousinen hatten eine Zentralschmierung. Es darf bezweifelt werden, ob sie vorschriftsmäßig alle 50 Kilometer betätigt wurden. Auch ob alle Benutzer die per Handhebel zuschaltbare „Spritsparvorrichtung" im Teillastbereich wohldosiert handhabten, mag dahingestellt sein. Der Straßenzustand tat ein Übriges. Federbrüche häuften sich durch starke Beanspruchungen. Nur ganz wenige Exemplare sind erhalten geblieben. Kenner vermuten, dass noch zehn fahrbereite BMW 321 in Deutschland existieren.

Teilbetrieb der sowjetischen SAG: die endgültige Rettung vor der Demontage

Am 25. Januar 1946 wurde das Eisenacher Werk der ausschließlichen Verwaltungshoheit der sowjetischen Besatzungsmacht unterstellt. Die Eingliederung in den sowjetischen Awtowelo-Verband im August 1946 rettete das BMW-Werk endgültig vor der Demontage. Damit waren die Eisenacher ein Teilbetrieb der sowjetischen Aktiengesellschaft (SAG) geworden, einem sowjetischen Staatsbetrieb, der von Moskau aus gelenkt wurde. Bemerkenswert: Auch weiterhin blieb die Bezeichnung „BMW" erhalten. Die Automobilfabrik der staatlichen Aktiengesellschaft „Awtowelo" Werk BMW Eisenach, so die Schreibweise auf den Plaketten im Motorraum, war nicht der einzige Betrieb, den die Sowjets in ihren Konzern eingliederten. Es waren die ostdeutschen Sahnestücke, die sie unter ihre Kontrolle brachten. Die Betriebe waren damit jeglichem deutschen Einfluss entzogen. Vorteile hatte die Besitzübernahme für das Werk selbst und die dort arbeitenden Menschen. Durch den SAG-Verbund konnten Defizite beim Zubehör und Produktionsmaterial unproblematisch beseitigt werden. Zu den Vorzügen, Mitarbeiter bei Awtowelo und bei anderen sowjetischen Institutionen zu sein, zählte der privilegierte Bezug von Lebensmitteln.

Die Fahrzeugfamilie wird erweitert

Dokumentation in Eisenach

Die Exponate im Eisenacher Museum reichen bis in die Anfänge der Eisenacher Automobilproduktion vor über 100 Jahren zurück. Jede Epoche ist mit Fahrzeugen und Zeitzeugnissen dokumentiert. Im begehbaren Depot gegenüber vom Raum A stehen 20 historische Fahrzeuge aus der Eisenacher Nachkriegsära. Die EMW-Typen 340-2, 327-2 Cabrio und 327-2 Coupé belegen überzeugend, dass die ostdeutsche Nachkriegsautomobilproduktion nicht immer nur eine Domäne des Zweitaktmotors gewesen ist – und die Viertaktmotoren unter den Motorhauben der Wartburgs zeigen, wie die DDR in der zweiten Hälfte der 1980er-Jahre Anschluss an internationale Motorenstandards bekommen wollte.

EMW 340-2 und 327

Noch während die Produktion des BMW 321 lief, begann in Eisenach die Entwicklung der Modellserie 340. Der Fahrzeugtyp war eine Weiterentwicklung des bereits vor dem Krieg produzierten BMW 326. Den hatte BMW bereits 1936 der Öffentlichkeit vorgestellt. Die Fachpresse hatte sich gegenseitig überboten im Veröffentlichen euphorischer Testberichte. Dieses über alle Maßen gelobte Automobil legten die Eisenacher nun also neu auf – und verbesserten es. Die Liste der Innovationen reichte von einer verbesserten Heizung über eine durchgehende Sitzbank, ei-

1952: Auslieferung der ersten BMW 501 in München – davor waren Automobile von BMW „Made in East Germany".

ner Leistungssteigerung des Motors und zahlreichen anderen Details bis hin zum Einbau von Aschenbechern. Letzteres würde man heute nicht mehr besonders hervorheben. Aber damals hielt auf Werbeaufnahmen in einem mit vier Fahrgästen besetzten Pkw mindestens eine Person eine brennende Zigarette in der Hand.

Genaue Zahlen? Nach dem Krieg hatte man andere Probleme ...

Die Produktion des EMW 340-2 begann am 1. September 1949 in Eisenach noch unter der Bezeichnung BMW. Sie endete am 30. April 1953. In diesem Zeitraum verließen 20.452 Wagen das Eisenacher Werk. Danach wurden noch bis 1955 sogenannte „Einzelmodelle" ausgeliefert. Der Übergang vom BMW 340-2 zum EMW 340-2 erfolgte fließend. Wann genau welches Fahrzeug mit welcher Nummer noch als BMW oder schon als EMW ausgeliefert wurde, lässt sich nicht mehr eindeutig klären. Während der Produktion des BMW beziehungsweise EMW 340-2 erfolgte gleichzeitig in kleiner Stückzahl die des BMW beziehungsweise EMW 327. Die Produktionsaufnahme dieses Vorkriegsmodells erfolgte 1949. Unter dem Signum BMW wurden bis 1960 nur 16, unter

Das Ehepaar Lesse aus Rövershagen bei Rostock mit ihrem restaurierten EMW 340-2

der Firmenbezeichnung EMW 489 Fahrzeuge ausgeliefert. Es gibt in der Literatur für den 340 und den 327 auch andere Zahlen. Die für den 340 pendeln im Ergebnis um die 20.000, die für den 327 um die 500. Dass sich die Produktionszahl nicht exakt angeben lässt, „... liegt daran, dass die Menschen damals andere Probleme hatten, als die Daten exakt zu notieren", erklärt der Eisenacher Museumsleiter.

EMW 327: eine königliche Order

Der 327 wurde als Cabriolet und als Coupé in geringer Stückzahl aufgelegt. Quer durch die gesamte Fachliteratur gelten sie als besondere Glanzstücke mit einem zeitlos eleganten Design. Seit die beiden 327er-Typen auch im „begehbaren Depot" im ehemaligen Automobilwerk Eisenach ausgestellt sind, können sich auch die Museumsbesucher der AWE davon überzeugen. Beim 327 blieb der Nierenkühler erhalten, lediglich das Emblem auf der Motorhaube wurde durch das rotweiße EMW-Zeichen ersetzt. Die Karosserien kamen aus dem Karosseriewerk Dresden, vormals Gläser. In Dresden wurden die Fahrzeuge endmontiert.

Im Unterschied zum Vorkriegsmodell wurden durchgehende Stoßfänger verwendet. Bei der Alligator-Motorhaube wurde nur noch die Klappe geöffnet, während die Seitenteile stehen blieben, im Gegensatz zum Vorkriegsmodell, bei dem sie hochschwenkten. Die Winker waren nunmehr weit nach hinten in die B-Säule gewandert. Im Coupé war der Motor durch BVF-Vergaser auf 57

Der EMW 340-2 wurde als Reparationsleistung an die Sowjetunion sowie an Behörden und Leitungsebenen der Partei und Wirtschaft ausgeliefert.

PS leistungsgesteigert worden. Die Türen waren bei der Neuauflage an der A-Säule angeschlagen. Beim Cabrio waren sie von Anfang an vorn befestigt. Außerdem erhielt das Coupé ein größeres Heckfenster und die Instrumente des EMW 340. Eines der letzten drei Exemplare aus dem letzten Produktionsjahr orderte der belgische König.

Nachdem sich die Produktion entsprechend der Planzahlen normalisiert hatte, teilte die Regierung der DDR am 30. April 1952 mit, dass ihr durch einen Beschluss der sowjetischen Regierung 66 SAG-Betriebe zur eigenen Verwaltung übergeben werden. Zu diesen, nunmehr in „Volkseigentum" stehenden Betrieben gehörte auch das BMW-Werk in Eisenach. Fortan hieß das Werk „VEB IFA – Automobilfabrik EMW Eisenach" und war der deutschen IFA unterstellt. Produziert wurden dort aber weiterhin BMW. Waren unter sowjetischer Regie prestige- und exportträchtigere Automobile mit Sechszylinder-Viertaktmotoren produziert worden, so hatten die ostdeutschen Lenkungsgremien langfristig andere Pläne.

Eine folgenreiche Gerichtsentscheidung

In Bayern begann die BMW-Produktion erst 1952 mit dem BMW 501. Zwei voneinander unabhängige Werke, die beide un-

Der EMW 340-2 bot für seine Zeit eine üppige Instrumentierung.

ter dem identischen Markennamen produzierten – das konnte nicht gutgehen. Vor allem, da die Ostdeutschen zum Zeitpunkt der westdeutschen Produktionsaufnahme längst auf dem Markt waren. BMW aus München klagte gegen BMW aus Eisenach auf Unterlassung, den Namen BMW weiterhin zu verwenden. Der Gerichtsstand war aber nicht Eisenach oder eine andere Stadt in Ostdeutschland, denn die Bayern klagten gegen einen westdeutschen Importeur. Der Gerichtsstand war Düsseldorf. Dort kam das Gericht zu einem salomonischen Urteil. Gegen die Produktion und den Vertrieb in Ostdeutschland bestanden keine Einwände; der Vertrieb in Westdeutschland und im Ausland war allerdings fortan verboten. Die Entscheidung beschleunigte die Umbenennung in Eisenacher Automobilwerke und die Verwendung der Modellbezeichnung EMW statt BMW.

Einblick in die Anatomie eines Oldtimers

Gerd Ludwig hat Ende 2007 die Restauration seines EMW 340-2, Baujahr 1954, vollendet. Wie viele alte Ostautos hat auch dieser Oldtimer eine individuelle Geschichte.

Nach seiner Fertigstellung war er als Reparationsleistung an die UdSSR geliefert worden. Dort fuhr ihn ein russischer Offizier. Von Minsk gelangte der EMW nach einer Versteigerung wieder zurück nach Deutschland. Käufer war eine deutsche Spedition, die ihn wohl als Gelegenheitskauf auf einer leeren Lkw-Ladefläche mitgenommen hat. Nachdem das Auto einige Jahre auf dem Speditionshof gestanden hatte, kaufte Gerd Ludwig den Klassiker. Siegfried Lesse besitzt eine der ganz, ganz seltenen Versionen mit Schiebedach. Aus Schrottteilen rekonstruierte der Rövershagener eine automobile Rarität. Das Restaurieren eines Oldtimers bietet Einsichten in die Anatomie des Fahrzeugs. Mit technischer Kreativität erwecken die Restaurateure Klassiker zu neuem Leben.

Der Zufall eines Biertischgesprächs

Siegfried Lesse verdankt den Besitz des EMW 340-2 seiner zweiten Leidenschaft, der Leidenschaft für maritime Technik. Indirekt, sozusagen. Denn während der Hansesail 2003 unterhielt sich der Unternehmer bei einem Biertischgespräch mit einem Jachtausrüster. Dabei erwähnte der Jachtausrüster, dass in seiner Werkstatt – unter viel Schrott – noch ein Oldtimer stehe: Ein EMW 340-2. Siegfried Lesse nahm den eingelagerten Oldtimer in Augenschein: Tatsächlich waren es nur noch dessen Rudimente. Aber die eines EMW 340-2, noch dazu die einer der ganz seltenen Schiebedach-Versionen. Als der Jachtausrüster halblaut über den künftigen Verbleib der EMW-Fragmente nachdachte, kam Siegfried Lesse blitzartig der Gedanke an deren Besitzerwechsel, einschließlich deren Umlagerung in die Tiefgarage seines Einfamilienhauses. Finanziell war man sich schnell einig. Siegfried Lesse beschaffte sich einen kompletten Satz Konstruktionszeichnungen und die Originalkataloge mit TGL-Nummern. Weitere Details ermittelte er im Archiv des Museums in Eisenach. Zu wichtigen Ersatzteilen verhalf ihm die Radiosendung „Gesucht und gefun-

← Fahrtrichtungsänderungen wurden mit einem Winker angezeigt.

↑ Nicht nur ein Spiegel: Bei eingeschalteter Zündung lässt sich durch das Drehen des Spiegels der Suchscheinwerfer ein- und ausschalten.

→ Die Reifen in der originalen Dimension werden heute in Indien hergestellt. Über den Händler sind sie innerhalb von acht Tagen zu beziehen.

den!" im Norddeutschen Rundfunk (NDR). Ein Handwerksmeister aus Blankenhagen besaß noch eine in Ölpapier eingeschlagene Achse und zwei Lenkgetriebe, also den kompletten Vorderwagen. Der Vorderwagen des EMW ist eine Konstruktion ohne frei liegende Teile. In diesem eckigen Stahlkasten in der Form eines Kastenprofils sind das Lenkgetriebe, die Stoßdämpfer und das Federpaket für die Lenkung untergebracht. An zwei Querflanschen wird der Vorderwagen mit jeweils drei massiven Schrauben am Rahmen befestigt. Die Hinterachse ist mit Stoßdämpfern und Drehstäben elastisch am Rahmen aufgehängt. Kleinteile – darunter auch das Typenschild – fand der Rövershagener auf Oldtimerflohmärkten. Die bedeutendste Fundgrube war der Ersatzteilemarkt in Neuruppin. Im Auslieferungszustand waren die Instrumente mit blauen und weißen Zifferblättern unterlegt gewesen. Beide Varianten sind immer noch erhältlich. Siegfried Lesse entschied sich für Blau, erstand aber beide Versionen, um bei Bedarf tauschen zu können. Ein Bekannter erneuerte in den Instrumenten die Thermostate. Die Bremsbeläge sind noch ein DDR-Produkt der Firma Cossig. Aus einem Endlosband mit vorgeformter Rundung und passender Breite schnitt Lesse die Beläge zurecht und montierte sie mit originalen Aluminiumnieten. Für die Führung des Handbremsseils dachte er sich eine vom Original abweichende Konstruktion aus. Ursprünglich lief der Bremszug in einer trichterähnlichen Manschette unmittelbar neben dem Hinterrad durch den Rahmen. Bei Nässe verteilten die Zentrifugalkräfte der rotierenden Räder das zunächst im Reifenprofil mitgenommene Wasser im Radkasten und dabei auf die Stelle mit der Bremszugdurchführung. Die trichterartige Manschette erfüllte im Lauf der Zeit den ungewollten Zweck einer Wassersammelstelle, dessen Reservoir für einen Rostangriff im Rahmen ausreichte. Entsprechend großflächig war der Rostfraß wirksam geworden. Der Restaurator fertigte einen Flansch an und befestigte diesen von innen am Rahmen. Außen setzte er ein entsprechendes Gegenstück an. Über dieses Gegenstück stülpte er einen fes-

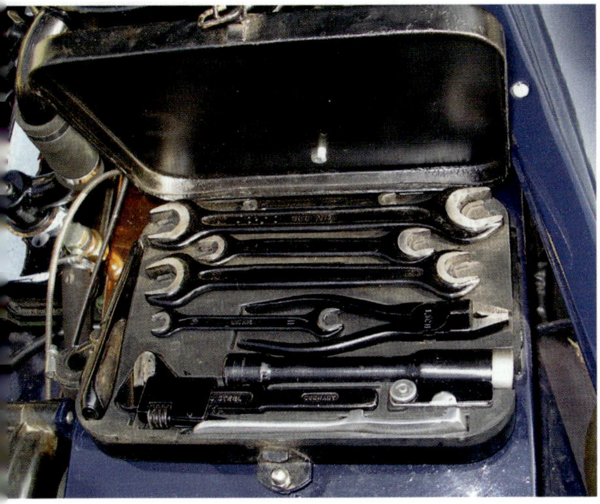

← **Die Motorisierung mit einem Sechszylinder-Viertaktmotor stand in der Tradition der Eisenacher BMW-Werke.**

↑ **Der Fußraum des EMW. Der 340-2 bot viel Beinfreiheit.**

→ **Mit diesem originalen Werkzeugset wurden die EMW 340-2 ausgeliefert.**

ten Gummibalg. Das Handbremsseil verlegte er durch diese drei Komponenten. Diese Konstruktion verhindert, dass Feuchtigkeit in den Rahmen vordringen und sich Rost entwickeln kann.

Wie ein funktionierender Sechszylinder-Reihenmotor entsteht

Nur der alte Motorblock war noch komplett vorhanden. Die Ölwanne und die Kipphebel fehlten, die Kolben waren fest, die Kurbelwelle beschädigt und unzählige Male abgeschliffen worden. Nur das Gehäuse war noch zu gebrauchen. In Magdeburg erstand Siegfried Lesse einen zweiten Motor, der das Innenleben spendete. Was fehlte, waren die Ventilfedern. Bei BMW in München erfragte Siegfried Lesse, wer heute noch Teile für historische BMW und EMW herstellt. Der Konzern verwies ihn an eine Firma in Nürnberg. Die fragten nur nach der Motornummer und wussten sofort, welche Federn mit welcher Federkraft angefertigt werden müssen. Er schickte das Gehäuse des einen Motors, das Innenleben des zweiten Motors und den Federsatz zur Firma Moto-Tech GmbH nach Brandenburg-Plaue. Die fertigten noch nach einem Kolbenmuster einen Satz Kolben mit Kolbenringen und rekonstruierten zusammen mit den angelieferten Teilen den kompletten Motor. Nachdem Motor und Getriebe vormontiert waren, wurde der gesamte Block mit Hilfe des Krans in Will's Oldtimermanufaktur im benachbarten Bentwisch in den EMW gehoben.

Historisch korrekt: Königsblau

Die Karosserie, soweit sie noch existierte, hatte Siegfried Lesse selbst in der Oldtimermanufaktur vollständig zerlegt, Rost und Spachtelmasse durch Sandstrahlen entfernt. Die dabei zutage getretenen Löcher blieben zunächst offen. Passende Bleche fertigte Ralf Will mit seinen Blechbearbeitungsmaschinen an und bog sie karosseriekonform zurecht. Die vorgearbeiteten neuen Blechteile setzten sie in die Karosserielöcher auf Stoß ein. Der Rahmen erhielt eine Konservierung durch ein Spritzverfahren mit Heißwachs. Die Fahrzeuglackierung im Farbton Königsblau gab Siegfried Lesse bei der Firma Bankonier GbR in Rostock in Auftrag. Für diese

Lackierung hatte er sich entschieden, weil die EMWs neben den Behördenfarben überwiegend in dunklen Tönen ausgeliefert worden waren. Die Polsterung der Sitzbänke und Innenflächen übernahm die Firma Bitter im Rostocker Überseehafen.
Eine Besonderheit des EMW 340-2 ist – aus heutiger Sicht – die Karosserieausbildung. Seinerzeit konnte die Industrie noch keine Blechteile in der Größe einer kompletten Fahrgastzelle pressen. Die Karosserie besteht deshalb aus vier Schalen: Den beiden vorderen Pfostenrahmen, die die beiden Windschutzscheiben halten, und zwei Dachschalen, die das Heck einschließen. Die Kotflügel wurden angeflanscht und mit Zinn angelötet. Der Himmel blieb ausgespart. Der wurde mit Drahtgasche ausgefüllt, mit Stoff überzogen und außenherum mit einem Holzrahmen gegen Vibrationen ausgekleidet. Oder man setzte – wie bei Siegfried Lesses EMW – in den Holzrahmen ein Schiebedach ein. Im Erzgebirge lernte Siegried Lesse jemanden kennen, der dafür noch die Ziehharmonika besaß. Am aufwendigsten gestaltete sich das Fertigen eines neuen Holzrahmens für die Einfassung des Schiebedachs. Denn aufgrund der Dachwölbung bedurfte es einer dreidimensionalen Ausgestaltung dieses Holzrahmens. Dafür konstruierte Siegfried Lesse eine Maß-Schablone und schnitt nach deren Vorlage die Einzelteile für den Holzrahmen zurecht.

Fahrzeugpapiere dokumentieren nicht immer die Fahrzeughistorie

Das Zerlegen des Fahrzeugs glich einer gerichtsmedizinischen Sektion. Zugleich war das eine der wenigen Chancen, Hinweise auf die Fahrzeughistorie zu ermitteln. Fahrzeugpapiere dokumentierten in der DDR nur dann die Geschichte eines Autos, wenn es noch aus Originalteilen bestand. Kam beispielsweise ein Ersatzrahmen zum Einsatz, trugen die Behörden dessen E(Ersatz)-Nummer in die Fahrzeugpapiere ein. Der Rahmen des EMW von Siegfried Lesse ist mit einer derartigen E-Nummer gekennzeichnet: „Nicht einmal im Eisenacher Archiv ließ sich herausfinden, wann der alte Rahmen zerfahren wurde." Anhand alter Lackschichten war erkennbar, dass der EMW zunächst im Dienste der Armee oder deren Vorläuferorganisation, der Kasernierten Volkspolizei, gestanden haben muss und danach – offensichtlich für eine zivile Verwendung – umlackiert worden war. Der Original-Motorblock, dessen Innenleben die Restauration nicht überlebt hatte, ist mit dem Herstelldatum 8/1950 versehen. Mangels der Original-Rahmennummer gilt dieses Datum als die offizielle Geburt dieses EMW 340-2. Das Datum auf dem Motorblock stimmt nachdenklich, denn damit wäre der Motor zwei Jahre vor der Namensänderung des Werks gebaut worden. Und zwei Jahre, bevor die Fahrzeuge unter der Werksbezeichnung „EMW" ausgeliefert wurden. Weil der Rahmen ersetzt worden ist, lässt sich die Vergangenheit dieses Klassikers nicht mehr eindeutig klären. Die Erklärungen reichen bis zu der Theorie, dass diese Limousine noch als BMW gebaut und später zu einem EMW umgebaut bzw. umgezeichnet wurde. Das wäre ungewöhnlich, ist aber nicht auszuschließen. In diesem Fall wäre das Auto eine ganz besondere Rarität. Der Motorblock trägt übrigens noch das BMW-Signet, was sich damit erklären ließe, dass die Eisenacher auch nach der Umbenennung des Betriebs schlichtweg nicht den Aufwand betrieben, neue Werkzeugmaschinen zu beschaffen oder die Stanzeinrichtungen umzuzeichnen

Oldtimerparade in Bad Doberan

Nach zwei Jahren, exakt am 19. August 2005 um 15 Uhr, war die Restauration des EMW abgeschlossen. Am Tag darauf fuhr das Ehepaar Lesse mit dem restaurierten Automobil bei der Oldtimerparade der Schwanenrallye in Bad Doberan an den Start. Ein gutes Jahr später, am 3. September 2006, reisten sie auf eigener Achse nach Eisenach zum 2. EMW-340-Treffen. 24 Oldtimer dieses Typs nahmen daran teil.

Die Ära der Zweitakter

Planänderung für Eisenach

Während die Produktion des EMW 340-2 noch lief, traf das für den Automobilbau zuständige Ministerium die Entscheidung, dass Eisenach die Produktion des IFA F9 zu übernehmen hatte. Der F9 war ursprünglich ein Konzept der Auto Union/DKW. Dessen Entwicklung hatte 1937 als Nachfolger des

Dieser rote, im Eisenacher Museum ausgestellte F9 ist kein Serienfahrzeug, sondern ein Sonderaufbau – allerdings ein historischer. 1957 wurde sein Aufbau von der Stadt Jena genehmigt. Die Teile waren zum Teil vorhanden, zum Teil mussten sie zugekauft werden. Dennoch ist das Aussehen „artgerecht“. Nur der Motor stammt untypischerweise aus der damals angelaufenen Nachfolgebaureihe, dem Wartburg 353.

erfolgreichen F8 begonnen. Der IFA F9 war eine modifizierte Weiterentwicklung dieses Vorkriegsmodells. Bis zur Produktionsverlagerung nach Eisenach war die Herstellung der Blechkarosserie im Horch-Werk Zwickau, die des Dreizylinder-Motors in Chemnitz sowie die Fahrwerksfertigung und die Endmontage im Audi-Werk Zwickau erfolgt. Seine Nachkriegsfertigung war zunächst mit 1.627 Exemplaren angelaufen. Die offizielle Begründung für die Produktionsverlagerung nach Eisenach war der chronische Mangel an Tiefziehblechen in Zwickau. Bei der bevorzugten Ausstattung der Eisenacher Motorenwerke werden zu dieser Zeit immer noch die Beziehungen aus der SAG-Zeit eine Rolle gespielt haben.

Alle bekamen alles, aber in unzureichender Menge und zur falschen Zeit? Diese typisch westliche Vorstellung von der sozialistischen Planwirtschaft war keineswegs pauschal zutreffend. Es war auch nicht so, dass immer überall irgendetwas fehlte. Man musste nur wissen, wo es das Gewünschte gab und wie man es bekam. Das galt nicht nur im persönlichen Bereich, sondern auch in der staatlich gesteuerten Planwirtschaft. Dabei gab es mehr oder weniger privilegierte Betriebe, wobei das Prestige eines Betriebs und seiner Produkte hierbei eine wichtige Rolle spielte. Ein Produkt mit hohem Prestige und guten Exporterfolgen benachteiligte allerdings die eigene Bevölkerung. Denn je mehr ins Ausland geliefert wurde, desto länger dauerten die Lieferzeiten im eigenen Land.

Die Produktion des F9 war zunächst im Zwickauer Audi-Werk angelaufen, dann jedoch nach Eisenach verlagert worden. In Eisenach gab es nicht die Engpässe bei der Lieferung von Tiefziehblechen wie in Zwickau.

Unter den Angehörigen des Automobilwerks in Eisenach wird durchaus so etwas wie ein elitäres Zusammengehörigkeitsgefühl geherrscht haben. Hatte man doch gleich nach dem Krieg die gehobene Automobilbautradition unter der schützenden Hand der sowjetischen Besatzer fortgesetzt, als andere noch die Trümmer beiseite räumten. Wer in Kenntnis menschlicher Befindlichkeiten ahnt, dies könnte andernorts so etwas wie Neid ausgelöst haben, der könnte mit diesem Verdacht nicht ganz falsch liegen. Und nachdem sich die Sowjets aus der Wirtschaftslenkung in Ostdeutschland zurückgezogen hatten, die Weisungsbefugnisse an die neu gegründeten Lenkungsgremien der DDR übergegangen waren, da mögen diese Gremien nicht nur mit Menschen besetzt worden sein, deren Verbundenheit ausschließlich Eisenach galt.

Widerstand gegen den F9

Oberingenieur Siegfried Rauch machte noch vor der Produktionsaufnahme die Eisenacher Werksangehörigen mit dem von ihnen künftig zu produzierenden F9 bekannt – und stieß auf starke Widerstände! Denn die Eisenacher Belegschaft empfand den Bau eines Dreizylinder-Zweitakters als Zumutung, viele Mitarbeiter als einen Abstieg auf der automobilen Prestigeskala. Hatten sie doch vorher hochwertige Automobile mit Sechszylinder-Viertaktmotoren gebaut. Die Unruhe im Werk war groß. Und sie passte in die gereizte politische Stimmung im Land. Es war das Jahr des Arbeiteraufstands. Über die Sozialbedingungen in den Betrieben ist relativ wenig bekannt. Im Eisenacher Werksarchiv ist bis zur Drucklegung dieses Buchs erst ein Arbeitsvertrag aus der damaligen Zeit gefunden worden. 220 Arbeitsstunden im Monat, acht Tage Urlaub im Jahr und 240 (Ost-)Mark Monatsgehalt kennzeichnen die Bedingungen, unter denen ein Werksangehöriger in Eisenach gearbeitet hat. Als uneingeschränkt linientreu kann die Belegschaft nicht gegolten haben, denn im Juli kam es zur Bildung der ersten Betriebskampfgruppe, die fortan durch Gewaltanwendung für Ordnung sorgen durfte.

Natürlich liegt auch der Gedanke nahe, der Widerstand der Belegschaft gegen die Produktionsumstellung könnte ein Ersatzschauplatz für die Unzufriedenheit der Bevölkerung – und in der Automobilstadt

Die neue Straßenverkehrszulassungsordnung und ihre Folgen

Die DDR erließ erst 1957 eine eigene Straßenverkehrszulassungsordnung. Bis dahin hatten die Bestimmungen der Reichsstraßenordnung gegolten, auch wenn dieses Vorkriegsregelwerk in der Ostzone und dann in der DDR eine andere Bezeichnung hatte. Anfangs hieß das Besitzdokument für Kraftfahrzeuge noch Brief Deutscher Länder. Erst mit der neuen Straßenverkehrszulassungsordnung wurden Fahrzeugbriefe der DDR bindend. Infolgedessen musste eine Vielzahl neuer Fahrzeugbriefe ausgestellt werden. Ausstellende Behörden waren die Volkspolizeiämter. Was heute nur noch wenige Insider wissen: Mitunter wurden dabei die falschen Hersteller eingetragen. Böser Wille war das nicht, vielmehr eine Folge des Wechsels der Herstellernamen (zum Beispiel von BMW in EMW), verschiedener Produktionsstandorte desselben Typs (zum Beispiel des F9), der Massenabfertigung und der Unwissenheit mancher Polizisten. Nicht immer lief der Fahrzeugbesitzer, nachdem er den Brief aufgeschlagen und den Fehler bemerkt hatte, zurück zur Polizei, um den Fehler korrigieren zu lassen.

Dieses originale und topgepflegte F9 Cabrio aus Eisenacher Produktion ist häufig auf Oldtimerveranstaltungen im Harz anzutreffen.

Eisenach war die Belegschaft die Bevölkerung – gewesen sein. Über die Lage im Land durfte nicht geklagt werden; umso heftiger wurde gegen den Typenwechsel Front gemacht. Und da konnte die Belegschaft auftrumpfen, denn die Partei erklärte unisono, es gäbe im Land keine größere Autorität als die Arbeiterklasse, also diejenigen, die die Arbeit machen. Aber das waren Lippenbekenntnisse. „Ich habe damals noch ehrlich an die sozialistischen Ideale geglaubt", sagte ein alter Fahrensmann, der seinen Namen nicht mehr gedruckt sehen möchte.

Das Wappen auf dem Knopf der Lenksäule verrät den Produktionsstandort dieses F9: Eisenach.

Doch statt Arbeit nach Vorschrift zu machen, begriffen die Eisenacher den F9 als Chance. Einen nicht unwesentlichen Anteil daran mögen die Angehörigen der Leitungsebenen gehabt haben, die den ehrlichen Willen vermittelten, sich der Diskussion zu stellen. Vielleicht fühlten sich die Eisenacher auch geehrt, diesen Auftrag bekommen zu haben, weil es andernorts mit der Serienproduktion nicht so recht geklappt hatte. Schließlich war das sogar die offizielle Lesart gewesen. Letztlich soll es aber das Fahrzeug selbst gewesen sein, das zu einem Sinneswandel bei der Belegschaft geführt hat.

Der F9 ist eines jener seltenen Automobile, dessen bestechendes Aussehen sich auf Fotos nicht abbilden lässt. Vielleicht liegt es an der ausgewogenen, abgerundeten und schnörkellosen Linienführung, die in Ermangelung der Tiefenwirkung runder Linien in der fotografischen Zweidimensionalität nicht darstellbar ist. Man muss dieses Auto einfach gesehen haben. So wird es auch der Belegschaft in Eisenach ergangen sein. Der F9 sah gut aus, er war handlich und hatte erstaunliche Fahreigenschaften. 28 PS trieben ihn auf eine Höchstgeschwindigkeit von Tempo 110! Das war beinahe so schnell, wie der EMW 340 mit doppelt so vielen Zylindern und einer doppelt so hohen Motorleistung fuhr. Die Eisenacher erkannten die Verbesserungschancen, die in dem Modell steckten. Natürlich musste deutlich werden, welche Autos in Eisenach hergestellt wurden und welche woanders gefertigt worden waren. Im Eisenacher Kodierungssystem erhielt der F9 die Bezeichnung Baumuster 309. Die Fahrgestellnummer wich auffällig von den früheren Nummern ab. Die war in Eisenach fünfstellig, während sie in Zwickau vierstellig gewesen war. 45001 lautete die Nummer des ersten in Eisenach produzierten F9. Als die Eisenacher die Herstellung des F9 übernahmen, hatte der Dreizylindermotor 900 Kubik. Die Verdichtung lag bei 1:6,25. Die Schmierungsmischung des Zweitakters betrug 1:25. Zylinderblock und Kurbelgehäuse waren aus Grauguss. Die Zündung basierte auf einer Sechs-Volt-Zündspule und einem Zündverteiler am vorderen Kurbelwellenende.

Der F9 noch einmal aus einer anderen Perspektive: Die ausgewogene und formschöne Linienführung lässt ahnen, warum das Auto begehrt war und auch im Westen Erfolg hatte.

Der Vergaser BVF H 32/0 stammte von der Berliner Vergaserfabrik. Der Röhrenkühler fasste zehn Liter Kühlflüssigkeit und stand hinter dem Motor. 1954 wurde das Aggregat überarbeitet. Eine Verdichtung von 1:6,8, eine senkrechte Anordnung der Zündkerzen und ein Auspuff-Vordämpfer steigerten die Leistung auf 32 PS.
Die alte Zündverteileranlage hatte als kostspielig und wenig funktionell gegolten. Denn der Verteiler war dem Viertakter entlehnt. Die doppelte Zündfrequenz des Zweitakters gegenüber dem Viertakter führte in Verbindung mit nur einer Zündspule bei hohen Drehzahlen zu Zündaussetzern. Sie erlaubte auch keine spezifische zylinderbezogene Zündeinstellung, die infolge der Kurbelwinkelfehler einer gebauten Kurbelwelle vonnöten gewesen wäre. Nur mit dieser Methode lassen sich statistisch konstante Leistungswerte erreichen. Die Zündverteileranlage wurde durch einen kleinen Drei-Hebel-Unterbrecher an der vorderen Stirnseite des Motors ersetzt, dessen Nocken im vorderen Kurbelwellenzapfen zentriert und befestigt waren.
Außerdem erhielt der überarbeitete Motor eine Kraftstoffpumpe. Die war erforderlich, weil der Tank ins Fahrzeugheck verlegt worden war. Dies war übrigens durch den Übergang zur Lenkradschaltung möglich geworden.
Die Schubstange für die Stockschaltung war bisher durch ein eingeschweißtes Rohr durch den vor der Stirnwand angeordneten Kraftstofftank verlaufen. Lediglich graduell konnten die Anströmverhältnisse des Kühlers verbessert werden. Die Lüfterwelle wan-

Der Wartburg 311 ist ein Oldtimer mit schnell wachsendem Beliebtheitsgrad, auch bei den Oldtimerfreunden im Westen.

derte auf die linke Seite des Zylinderkopfs. Wodurch die im Konturschatten des Motors liegende Lüfterkreisfläche besser von vorn angeströmt werden konnte. Die Getriebeübersetzung wurde dem Kennlinienverlauf des Zweitaktmotors angepasst. Bei nicht gesperrtem Freilauf war das Getriebe ungewöhnlich leicht zu schalten.

Gekrönte Vielfalt des F9

Es entstand eine ganze Fahrzeugfamilie. Den F9 produzierten die Eisenacher als Limousine (309-1), Cabriolet (309-2), Cabrio-Limousine (309-3), Einsatzwagen für die Polizei (309-4), Pick-Up (309-5), Rechtslenker für den Export (309-6), Kombiwagen mit Holzaufbau (309-7), Limousine mit Faltschiebedach (309-8) und Kombiwagen mit Stahlaufbau (309-9). Der F9-Motor wurde außerdem als Baugruppe exportiert und an Framo/Barkas geliefert und in den dort gefertigten Kleinlastwagen eingebaut. Der F9 erhielt beim Concours des Carosseries im holländischen Scheveningen in den Jahren 1952 und 1953 für sein Design den 1. Preis seiner Wagenklasse.

Hoffnung für eine unzufriedene Belegschaft?

War die Belegschaft des Eisenacher Automobilwerks zufrieden? Es gibt Hinweise, dass dem nicht so war, allen Erfolgen zum Trotz. Als am 9. April 1954 der zehntausendste F9 vom Band rollte, wurde dies mit einer kleinen Feier gewürdigt. Überliefert sind die Worte,

An der Form des Wartburg 311 änderte sich während der Bauzeit nur wenig.

die der stellvertretende Betriebsdirektor Müller an seine Belegschaft richtete: „Wir werden einen neuen Wagen bauen, der unserer Tradition entspricht. Ich ersuche euch deshalb, weiter so mitzuarbeiten wie bisher – zum Wohle aller, für die Einheit unseres Vaterlandes, für Frieden auf dieser Erde." Der letzte Halbsatz war wohl dem Zeitgeist geschuldet. Parolen dieser Art waren im Osten in Mode. Sie prangten sogar an den Wasserkästen der Dampflokomotiven. Aber der erste Satz lässt aufhorchen:
„... einen neuen Wagen bauen, der unserer Tradition entspricht ..." Das klingt, als ob der F9 noch immer nicht als standesgemäß für ein ehemaliges BMW-Werk angesehen wurde.

Erfolgsmodell F9

Bei der Kundschaft war der F9 hingegen ein Erfolgsmodell, daran war nicht zu rütteln. Das Auto vereinte die Vorteile eines Kleinwagens mit den Vorzügen eines Wagens der unteren Mittelklasse. Der Motor bewährte sich durch seine Einfachheit, Elastizität, Robustheit, Startbereitschaft, Drehfreudigkeit und Zuverlässigkeit. Der unrunde Leerlauf störte allenfalls im Stand, im Fahrbetrieb ließ er sich durch den Freilauf ausgleichen. Die geringe Bremswirkung des Zweitaktmotors und die Auspufffahne waren damals keine ernst zu nehmenden Probleme. Auch im Ausland war der F9 begehrt. In 24 Länder erfolgte der Export. Der gute Absatz im Ausland führte dazu, dass von den insgesamt 7550 produzierten Fahrzeugen im Jahr 1953 nur 3014 in Ostdeutschland verblieben. Zu bezahlen hatten das die Menschen im eigenen Land: mit längeren Wartezeiten.
Doch die Produktion des F9 konnte nicht ewig dauern. Denn die aus Zwickau übernommenen Arbeitsmaschinen waren abgenutzt. Vorangetrieben wurde die Entwicklung im

Eine Besonderheit des Campings waren seine großen Fenster über den hinteren Kotflügeln.

Ausland. Wieder wurde gegen die Eisenacher geklagt. Auf Umwegen. 1955 bezichtigte die Ingolstädter Auto Union die Schweizer F9-Vertriebsgesellschaft Schneider AG in Zürich des unlauteren Wettbewerbs. Der Vorwurf gründete sich auf die zu große Ähnlichkeit zwischen dem F9 und dem von der Auto Union produzierten DKW 3=6. Begründet wurde die Klage mit der Rechtsnachfolge der Auto Union GmbH Ingolstadt für die ehemalige Auto Union AG Chemnitz. Die Weiterbenutzung von Plänen aus dem Bestand des Vorbesitzers durch volkseigene Betriebe in der DDR sei rechtswidrig. Ein Urteil ist in dieser Sache nie ergangen. Wie ein Prozess ausgegangen wäre, bleibt Spekulation. Jeder Verfahrensbeteiligte verfügte über gute Argumente. Niemand hätte bestreiten können, dass es in Ingolstadt zur Neugründung der Auto Union gekommen war. Andererseits hatte in Zwickau ein Werk mit dem Namen Audi bis in die 1950er-Jahre fortbestanden. Dass sie den F9 nach Eisenach abgegeben hatten, war aus Sicht des Klägers unerheblich (ein raffinierter Anwalt hätte das vermutlich ganz anders gesehen). Die Ostdeutschen argumentierten indessen, ihr Auto sei kein Nachbau, sondern eine Weiterentwicklung.

Die Wahrheit ist sogar noch komplizierter, denn für die Produktionsaufnahme hatten gar keine brauchbaren Pläne existiert. Die waren weitgehend aus dem Gedächtnis gezeichnet worden. Das Verfahren war brisant, aber letztlich scheint jeder der Beteiligten seine Bedenken gehabt zu haben. Die außergerichtliche Einigung könnte man als Sieg nach Punkten für die Ostdeutschen betrachten. Bei der Aufteilung der Verfahrenskosten unter den Prozessparteien machten sie den besseren Schnitt – und sie hatten freie Hand bei der Entwicklung eines Nachfolgemodells. Was dabei passierte, könnte man als den genialsten Coup in der Eisenacher Werksgeschichte bezeichnen.

Vom EMW zum Wartburg

Der Nachfolger

In einem Land mit offiziell zentralistischer Wirtschaftssteuerung und einer sich auswachsenden Planbürokratie entwickelten die Eisenacher in Eigenregie ein Nachfolgemodell, dessen Name dreieinhalb Jahrzehnte lang die Geschichte Eisenachs bestimmen sollte: den Wartburg.

Über die Entstehung des Wartburgs existieren zwei Versionen. Keine der Versionen schmälert das Engagement, die Leistungsund die Risikobereitschaft und das unglaubliche Maß an Identifikation der Beteiligten mit ihrem Betrieb. Sie unterscheiden sich nur im Grad der Geheimhaltung und der Mitwisserschaft, unter der das WartburgProjekt vorangetrieben wurde. Diese Geheimhaltung richtete sich in erster Linie „nach oben", denn Berlin hatte der Entwicklung eines Nachfolgemuster für den F9 keinen Segen erteilt.

Es wird die Eisenacher nachdenklich gestimmt haben, dass sich Berlin in Schweigen hüllte, ging es doch um die Zukunft ihres Betriebs. Berlin hatte dem Automobilbau den Zweitaktmotor verordnet. Bestimmt war in der Hauptstadt bekannt, dass sich die Eisenacher noch immer nicht das alte, ungeschriebene Gesetz aus dem Kopf geschlagen hatten, wonach ein in der Wartburg-Stadt produziertes Auto vier Türen, einen geräumigen Innenraum und gefälligst einen großvolumigen Sechszylinder-Viertaktmotor zu haben hatte. Sollte Eisenach vielleicht sogar aus der Liste der Produktionsstandorte für Pkws gestrichen werden? Weil sich der Standort unbotmäßig verhielt? Hartnäckig hält sich bis heute das Gerücht, Eisenach wäre

Der Wartburg Camping weckte Emotionen. Die Baureihenbezeichnung verband das Auto mit Freizeit und Lebensfreude.

nur noch für die Nutzfahrzeugproduktion vorgesehen gewesen. Wenn man bedenkt, dass das Ende des F9 vorprogrammiert war und die Entwicklung eines Nachfolgers Zeit brauchte, sind diese Fragen nicht abwegig.
Die Entwicklung des F9-Nachfolgers fand allein auf Weisung des damaligen Werkleiters Martin Zimmermann statt. Es war eine „Schwarzentwicklung", angeblich – so die erste Version – unter strengster Geheimhaltung. Nur ein kleiner Teil der Belegschaft soll davon gewusst haben. Oder – so die zweite Version – alle wussten davon. Und hielten dicht.
Wie diese Geheimhaltung aufrechterhalten worden sein soll, darüber darf sich jeder seine eigenen Gedanken machen. Wer das Werksgelände besucht hat, der weiß, dass das Areal nicht unüberschaubar gewesen ist, auch wenn früher ausgelagerte Betriebsflächen dazugehörten und inzwischen viel abgerissen wurde. Auch gab es natürlich die Parteiorganisation, Funktionäre und den Parteisekretär. Hinzu kommt, dass das Material für die „Schwarzentwicklung" – daher auch der Name – nicht bilanziert war, also aus der laufenden Produktion abgezweigt werden musste. Dass dieser Materialabfluss unbemerkt und ohne Nachfragen geblieben sein soll, erscheint unmöglich.
Dass alle davon wussten, erscheint graduell plausibler. Es könnte funktioniert haben, weil sie alle sich mit dem Schicksal ihres Betriebs identifizierten. Dass keiner der Parteikader etwas nach Berlin durchgesteckt hat, mag

auch daran gelegen haben, dass sie sich mehr mit ihrem Betrieb, als mit von Berlin verordneten übergeordneten Belangen verbunden gefühlt haben.
Der Nachfolger war noch nicht ganz fertig, als der für den Automobilbau zuständige Minister Heinrich Rau den Eisenacher Werksleiter unerwartet nach Berlin einlud. Ohne zu wissen, worum es bei dem Treffen gehen sollte, fuhr Martin Zimmermann in die Hauptstadt der DDR. Dort erfolgte im Ministerium vor geladenen Gästen die Präsentation des in Zwickau neu entwickelten P 70. Anders als beim EMW Typ 311, war dessen Entwicklung genehmigt gewesen. Jetzt galt es für Eisenach, nicht ins Hintertreffen zu geraten. Nur wenige Tage später fuhr Martin Zimmermann mit der schnellstens fertiggestellten Schwarzentwicklung auf holprigen und schlaglochreichen Straßen erneut nach Berlin. Unangemeldet. Den Minister traf er gar nicht an, nur einen verärgerten Vertreter. Doch Martin Zimmermann wusste sich zu helfen. Auf der Stelle disponierte er um und stellte das moderne Fahrzeug dem Zentralkomitee (ZK) der Sozialistischen Einheitspartei Deutschlands (SED) vor. Den Genossen gefiel der neue Fahrzeugtyp mit dem Namen „EMW 311". Das bestimmte die Zukunft des späteren Wartburg 311, denn „... die führende Rolle der Partei der Arbeiterklasse musste von jedermann anerkannt werden". Mit dieser Floskel wurde überall der Führungsanspruch der Partei begründet. Dem musste sich auch ein Minister beugen.
Natürlich ließ sich ein Minister nicht so einfach ausbooten. Deshalb hatte die Sache für Martin Zimmermann ein Nachspiel. Obwohl das Ministerium dem EMW 311 die Genehmigung für die Serienfertigung erteilte, erhielt der Werkleiter eine Disziplinarstrafe von 5.000 (Ost-)Mark auferlegt, weil er den 311 ohne Genehmigung hatte entwickeln lassen. Ein für die damalige Zeit ungewöhnlich hoher Betrag. Allerdings erhielt er diesen Betrag wieder zurückgezahlt. Als sogenannte Prämienzahlung. Vielleicht, wenn man das P 70-Projekt genauer kennt (3. Kapitel: Fahrzeuge aus Eisenach), mag man geneigt

Im Westen ist das Cabrio ein Exot, im Osten erregt er die Gemüter über die ostdeutsche Automobilbaukunst, die von den Plangremien immer wieder blockiert worden ist.

sein, dem Minister für das Verhängen der Disziplinarstrafe mildernde Umstände zuzubilligen.

Nicht ganz echt, aber doch original: Die Rückleuchteneinheit bei diesem Cabrio entstammt einer Wartburg Limousine de Luxe.

Serienproduktion und ein neuer Name

Im Oktober begann die Serienproduktion des 311 noch unter der Bezeichnung EMW. Zwei Monate später erfolgte die Umbenennung des Werks in VEB Automobilwerk Eisenach (VEB AWE). Damit einher ging auch ein völlig neues Firmenzeichen, das mit der Silhouette der Wartburg das Wahrzeichen Eisenachs abbildete. Der Name „Wartburg" sollte von da an bis zum 10. April 1991 für die in Eisenach gefertigten Fahrzeuge stehen. Auf der Basis des Standardmodells 311.0 brachten die Eisenacher bis Ende 1957 eine erstaunliche Vielfalt an Karosserievarianten auf den Markt: Die Limousine de Luxe des Typs 311-1, das Cabrio 311-2, das Coupé 311-3, das Volkspolizei-Einsatzfahrzeug 311-4, die Camping-Limousine 311-5, die Rechtslenker-Limousine 311-6, den Schnelltransporter 311-7, die Limousine 311-8, den Kombi, 311-9 sowie den Sportwagentyp 313-1.

1958 verließen an jedem Arbeitstag 110 Pkw die Werkshallen. Ein Drittel ging in den Export. Die größten Abnehmer waren die Bundesrepublik Deutschland, Finnland, Belgien und Österreich.

1959 erfolgte an der Typenreihe eine Modellpflege. Die Bremsanlage besaß nun auf 50 Millimeter verbreiterte Beläge und wurde vorne in Duplexausführung geliefert. Die Modelle besaßen nun eine Parallelscheibenwischeranlage und waren 24 Kilo leichter geworden. Für die Hubraumvergrößerung auf 992,8 Kubik wurde die Bohrung von 70 auf 73,5 Millimeter erhöht. Der Hub von 78 Millimeter und die Verdichtung von 7,3:1 blieben erhalten. Letzteres wegen der Kraftstoffart VK mit einer Oktanzahl von 78. Die Einlasskanäle wurden von 39 auf 44 Millimeter verbreitert, die Auslasskanäle von 42 auf 44 Millimeter und die Überströmkanäle von 20 auf 22

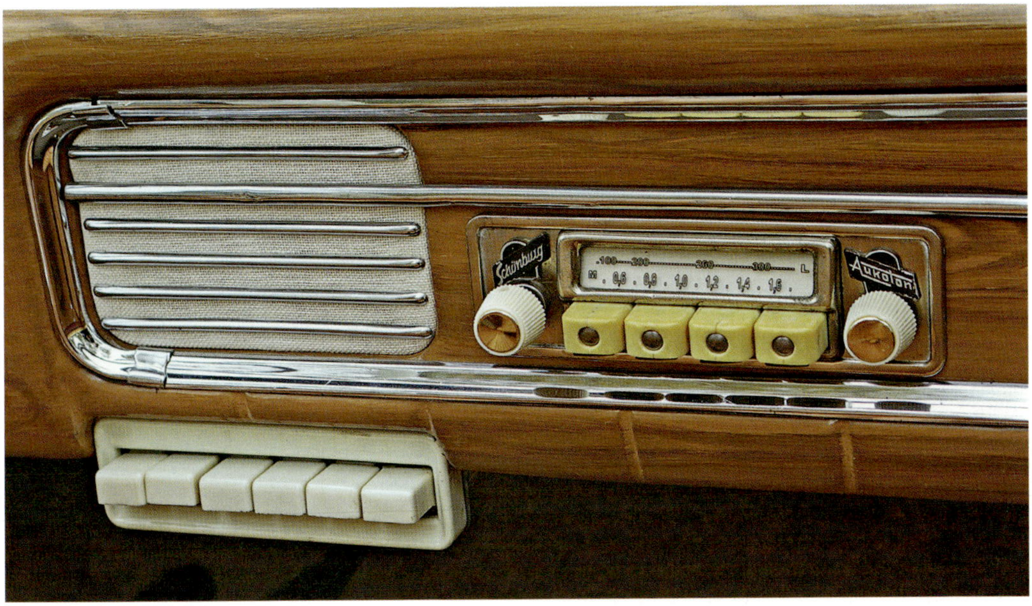

Keine Attrappe: Das Originalradio Schönburg ist voll funktionsfähig.

Die Innenverkleidung ist aus echtem Leder.

Klassische Anordnung im Dreizylinder-Zweitaktmotor: Der Kühler lag hinter dem Motorblock. Im normalen Fahrbetrieb waren die thermischen Verhältnisse ausgeglichen. Bei häufigen Stopps oder langsamer Bergfahrt wurde der Motor aber immer wärmer. Dem wurde mit einem Gebläse entgegengewirkt. Ähnliches galt für die reine Thermosyphon-Kühlung.

Millimeter. Einige Kanalhöhen änderten sich bei gleichen Steuerzeiten zur Vergrößerung des Zeitquerschnitts. Die Überströmkanäle wurden strömungsgünstiger gestaltet, hatten nun ein vergrößertes unteres Eingangsfenster und verjüngten sich harmonisch nach oben. Das erzeugte eine Strömungsbeschleunigung. Der Block erhielt einen Wasserpumpenflansch und eine durchgängige 85er-Lagergasse für eine neue Kurbelwellenlagerung. Der Motor leistete nun 45 PS bei 4.250 Touren und hatte ein Drehmoment von 91,2 Nm bei 2.250 Umdrehungen. Die Höchstgeschwindigkeit steigerte sich bis auf 125 km/h. An die Stelle der Thermosyphon-Kühlung trat die Pumpenumlaufkühlung mit der von der Firma Karl Schmid in Merbelsrod entwickelten Wasserpumpe 60 K. Ihr Förderwert lagen bei 90 Litern pro Minute. Der Gehäusethermostat von VEB Mertik in Quedlinburg hatte eine Regeltemperatur von 80 Grad. Die neue Kühlungsmethode sorgte für stabile Kühlungsverhältnisse und eine schnellere Erwärmung des Motors. Dadurch konnte die Heizung modifiziert, die Kühlergröße und das Wasservolumen reduziert werden. Der Motor entsprach im internationalen Vergleich dem Standard der Zweitakt-Hersteller. Bei den Leistungsdaten übertraf er sogar die Motoren einiger Mitbewerber (mit weiteren Nachweisen: Peter Kirchberg in Plaste, Blech und Planwirtschaft, 2. Auflage 2001, S. 214). 1965 lief die Produktion des 311 aus. 259.035 Exemplare aller Typen waren ausgeliefert worden. Knapp die Hälfte davon ins Ausland.

Beliebte Typenreihe unter Oldtimerfreunden

Die Typenreihe des Wartburg 311 ist unter Oldtimerfreunden im Osten, aber auch im Westen beliebt. Die Technik ist einfach und robust. Sie besitzt den Vorzug, dass sich spätere Modellpflegedetails beim Restaurieren oder bei der Fahrzeuginstandhaltung nachrüsten lassen. Spannend ist auch bei diesen Oldtimern das Recherchieren der individuellen Fahrzeughistorie. Öffentliche Auftritte dieser (restaurierten) Baureihen spiegeln regelmäßig die tiefen Emotionen der Menschen wider. Bei Fototerminen ist eine gewisse Kommunikationsfähigkeit gefragt, denn insbesondere seltene Klassiker dieser Baureihe ziehen die Menschen regelrecht magnetisch an.
Als wir den 311-2 von Kurt Mießner vor der Kulisse der 1:10-Miniatur der Bützower Altstadt fotografierten, war der Klassiker sofort von Passanten und Parkbesuchern umlagert. Im Westen ist dieser Oldtimer ein äußerst seltener Exot, im Osten die sinnbildliche Erinnerung an die kreative Automobilbaukunst in Eisenach. Der Anblick des restaurierten 311-2 Cabrio war augenblicklich Anlass zu heißen Diskussionen: „Was hätten ‚wir' erreichen können, wenn ‚die' uns gelassen hätten?" Diese Frage erregt die Gemüter heute noch, eineinhalb Jahrzehnte nachdem AWE seine Tore geschlossen hat. Das ‚Wir' steht für die Identifikation der Menschen in Ostdeutschland mit ihren ostdeutschen Autos, das ‚Die' bezeichnet die Distanz zu den Betonköpfen in den früheren Entscheidungsgremien der sozialistischen Planwirtschaft. Die hypothetische

Oldtimer im ADMV

Für Oldtimer, die im ADMV registriert waren, setzte der Verband zusammen mit der Zulassungsstelle und der Staatlichen Versicherung eine besondere Regelung durch. Die Fahrzeuge wurden nach ihrem Zustand von ADMV-Funktionären bewertet, technisch abgenommen und erhielten ein Oldtimerkennzeichen mit Straßenzulassung. Wer im Besitz dieser Dokumente war, konnte seinen Klassiker ohne zusätzliche Haftpflichtversicherung und ohne Zulassung nach den Bestimmungen der StVZO im öffentlichen Straßenverkehr bewegen. Eine Regelung, für deren Erhalt sich der ADMV während der Wendezeit eingesetzt hatte, die aber nicht in das vereinte Deutschland gerettet werden konnte.
Mit der Wende endete die nationale Sportgesetzgebung der DDR und die Mitgliedschaft des ADMV als nationaler Motorsportverband in den internationalen Motorsportorganisationen. Das nationale Vertretungsrecht war gemäß Einigungsvertrag den Westverbänden ONS und OMK (heute DMSB) übertragen worden. Der ADMV mit Sitz in Berlin wandelte sich zum „Club mobiler Menschen". Zusammen mit renommierten Partnern bietet er seinen Mitgliedern einen umfassenden Service, Dienstleistungen sowie Versicherungsund Rechtsschutzpakete an. In der Standardmitgliedschaft ist auch das Vermitteln von Sachverständigen für Oldtimergutachten zu günstigen Konditionen enthalten. Der Tradition verpflichtet, ist der ADMV ein Fürsprecher des Motorsports mit dem Schwerpunkt Ostdeutschland.

Die Persenning ist mit wenigen Handgriffen abgenommen und das Verdeck nach vorne geklappt. Die originale Befestigung ließ sich nicht mehr rekonstruieren. Die Technik ist deshalb beim Restaurieren vom F9-Cabrio übertragen worden.

Ergebnisorientierung auf die Frage „Was wäre gewesen, wenn ...?" steuert die Gradzahl der individuellen Erregungszustände.

Das Cabrio wurde nur vier Jahre lang produziert. 2670 Exemplare lieferte das Werk zwischen 1956 und 1960 aus, von 1956 bis 1958 in der Sitzanordnung 2/2, von 1958 bis 1960 als richtige, komfortable Viersitzer. Etwa die Hälfte der gefertigten Cabrios ging in den Export. Dieser erfolgte offiziellen Unterlagen zufolge erst ab 1958. Diese Jahreszahl mag bezweifelt werden – der Grund dafür ist das Cabrio von Kurt Mießner. Doch davon später mehr. Nach optimistischen Schätzungen sind in Deutschland noch 30 Cabrios fahrbereit. Der Gebrauch der roten Oldtimer-Kennzeichen macht eine Festlegung schwierig. Nur noch vier Cabrios, das ergaben Recherchen der Rostocker Ostsee-Zeitung, verfügen über eine reguläre Straßenzulassung.

Erfahrungen beim Restaurieren einer Limousine

Vom Dezember 1998 bis zum Frühjahr 2000 hatte Kurt Mießner bereits eine Wartburg Limousine restauriert: Das kam ihm beim Cabrio zugute. Dass vieles schwieriger werden würde, ahnte er allerdings nicht. Weil in einer Kleinstadt wie Bützow fast jeder jeden kennt, wusste er, wer ein Cabrio besaß. Dessen Besitzer habe er lange wegen des Verkaufs umworben. Lange Zeit vergeblich, dann habe dieser überraschend nachgegeben. Bis dahin habe er das Auto noch nie gesehen gehabt. Aber da die Verkaufsverhandlungen äußerst günstig verlaufen waren, habe er das Cabrio gekauft, ohne jemals einen Blick darauf geworfen zu haben.

Sprachlos

Als Kurt Mießner das Cabrio sah, verschlug es ihm die Sprache. Denn das, was vor ihm stand, war nicht mehr als das Karosserierudiment einer ehemaligen Fahrgastzelle, die der 57-Jährige noch heute mit den Worten „viel Loch, viel Rost und wenig anderes" beschreibt: Ohne Motor und ohne Fahrgestell, sogar die vorderen Kotflügel hatte der Vorbesitzer, vermutlich in einer Restaurierungsanwandlung, von der Karosserie abgemeißelt. Es ist eine Geschichte, die einige Parallelen mit der des EMW von Siegfried Lesse aus Rövershagen aufweist.

Kurt Mießner als Detektiv

Am Cabrio von Kurt Mießner existierte nur noch die originale Karosserienummer, Motor und Fahrgestell hatten sogenannte E-Nummern. Aus der Karosserienummer lässt sich ablesen, dass diese mit der Nummer 442 am 3. Oktober 1956 vom Karosseriewerk Dresden (ehemals Gläser) fertiggestellt worden ist. Das Auslieferungsdatum und damit einhergehend der genaue Auslieferungsbeziehungsweise Ausstattungszustand lässt sich daraus nicht ableiten. Bei vielen Restaurierungsobjekten, die Jahre oder Jahrzehnte eingelagert waren, sind keine Fahrzeugbriefe mit eingetragenen Vorbesitzern mehr auffindbar. Dem Restaurator bleibt nichts anderes übrig, als anhand von Ausstattungsmerkmalen den vermutlichen Originalzustand zu ermitteln. So ging es auch Kurt Mießner. Auf der Karosserie waren Spurenreste einer Zierleiste erkennbar. Die bestätigten den zweifarbigen Auslieferungszustand.

Aber welche Farben waren das? Der Lackauftrag ließ erkennen, dass das Auto mindestens einmal umlackiert wurde. Kurt Mießner fragte sich über den Vorbesitzer zu den früheren Eigentümern durch. Die letzte Station waren die Kinder des Erstbesitzers. Die konnten sich an das Cabrio noch erinnern, aber nicht mehr an Details. Aber sie hatten noch Fotos! Leider in Schwarzweiß. Rückschlüsse auf die Farbe ließen die Bilder naturgemäß nicht zu. Aber sie zeigten eine Besonderheit: verchromte Rundbügel am vorderen Stoßfänger. Die gab es nur bei einer seltenen Serie: der Exportversion für die USA! Ja, bestätigten die Nachkommen des Erstbesitzers, irgendwas von ExportRücklauf wegen Fehlern in den Sitzflächen sei mal erzählt worden. Das Lösen des Rätsels um den Auslieferungszustand warf ein anderes auf: Wenn die Karosserie Anfang Oktober 1956 fertiggestellt wurde, müsste das Cabrio spätestens 1957 ausgeliefert worden sein. Zu dieser Zeit erfolgte aber noch kein Export in die USA, der begann erst ein Jahr später! Dieses Rätsel hat Kurt Mießner bis heute nicht lösen können.

Es geht los ...

Kurt Mießner säuberte den Unterboden, die Türen, Radkästen, Spritzwände, die Karosserie. Dabei traten unerkannte, behelfsmäßig geflickte Löcher zutage. Gegen Ausbesserungen mit Glasfließ und Eloxierharz

Das Wartburg 313-1 SportCoupé wurde erstmals 1957 auf der Leipziger Frühjahrsmesse vorgestellt. Die Baureihe war nicht für den eigenen Markt gedacht, sondern sollte im Ausland Aufsehen erregen. Der Plan gelang. Am Ende seiner Produktionszeit wurde er in 24 Länder exportiert. Ausnahmsweise eindeutig belegt ist die Anzahl der hergestellten SportCoupés. Sie beträgt 469 Exemplare während des Produktionszeitraums von 1957 bis 1960.

sprachen die Stabilitätszwänge eines Cabrios. Deshalb fertigte Kurt Mießner neue Blechteile aus Originalblech an und schweißte sie ein. Dann erfolgte das Auftragen des Rostschutzes. Beim Zerlegen des Wartburgs hatte Kurt Mießner endlich unter dem Frontscheibengummi Reste der Originalfarbe entdeckt. Seinerzeit war sie als „Krapprot" bezeichnet worden. Die Komponenten, aus denen der Originallack gemischt worden war, ließen sich nicht mehr ermitteln. Aber es gelang dem Lackierer, eine identisch wirkende Farbe zu erzeugen.

Traditionen helfen beim Beschaffen von Ersatzteilen

„Es gibt immer noch genug Teile, man muss sie nur finden", stellte Kurt Mießner fest. Eine Folge der früheren typisch ostdeutschen Vorratshaltung aufgrund der Mangelwirtschaft. Viele Altteilebesitzer überließen ihm ihre Teile sogar unentgeltlich. So gelangte er in den Besitz der Duplexbremsen für die Vorderräder und der Simplexbremsen für

Mit dem Wartburg HT kam nach mehrjähriger Pause wieder ein offenes Fahrzeug ins Programm. Leider wurde der 311-300 nur ein Jahr lang (1965) hergestellt, der 312-300 HT (Hardtop-Coupé) blieb nur von 1965 bis 1967 im Programm.

die Hinterräder. Drei ausgemusterte 311er verbrauchte er als Ersatzteilspender. Die Übernahme von Innovationen bei späteren Jahrgängen erwies sich als zweckmäßig. Das Getriebe ist vollsynchronisiert. Der Motor hat knapp 100 cm3 mehr Hubraum. Trotz intensiver Suche war ihm nur ein kaputter 900er Motor angeboten worden, stattdessen aber ein funktionsfähiger 1000er. Für 850 Euro. Für denselben Betrag ließ er ihn in einer Fachwerkstatt überholen.
Das Triebwerk läuft anstandslos. Beim Beschleunigen in niedrigen Gängen ist wegen der Leistungssteigerung auf 45 PS Gefühl in den Zehenspitzen erforderlich. Bei Kavalierstarts knacken gerne die ähnlich wie Drehstäbe arbeitenden Antriebswellen durch.

Der Elektriker will es ganz genau wissen

Beim Kfz-Elektriker leitete Kurt Mießner das Gespräch mit einer vorsichtigen Frage ein: „Meister, legst du auch im Wartburg Cabrio ...?" Doch weiter kam er nicht: „Hör mir auf!" – „Warum?" – „Weil ‚sie' beim Kabelbaum alle naselang etwas geändert haben!" Dabei ließ der Fachmann durchaus offen, wen er mit

‚sie' meinte. Vermutlich hatte er Erfahrung mit individuellen Bastelarbeiten. Doch dann packte ihn der Ehrgeiz, und am Ende war eine perfekt funktionierende Sechs-Volt-Elektrik installiert.

F9 als Vorbild

Als Kurt Mießner den Preis für das Verdeck und die Sitzgarnitur aus Leder hörte, dachte er, der Sattler hätte ihm ein Kaufangebot für seine Werkstatt gemacht. Den Preis nach oben trieb das Verdeck, das aus mehreren Schichten besteht: Himmel, Schutzbezug, Rosshaarschicht, noch ein Schutzbezug und darüber die Persenning. Heikel war das Befestigen des Himmels an der Hutablage. Die ursprüngliche Konstruktion war komplett weggerostet. Die Lösung schaute sich Kurt Mießner beim F9 ab. Den Holzrahmen für das ins Verdeck integrierte Heckfenster musste ein Tischler maßanfertigen. Die Scheibengummis gab es im Ersatzteilhandel. Das Schließen des Verdecks dauert Sekunden: Persenning abnehmen, Verrieglungshebel öffnen, Verdeck vorklappen und zwei Bajonettverschlüsse einhaken.

Ein paar Tränen ...

Vier Jahre, nachdem Kurt Mießner das Cabrio gekauft hatte, fuhr er mit dem restaurierten Oldtimer zur Dekra. Die Abnahme verlief problemlos. Danach machte sich Kurt Mießner mit dem Cabrio auf den Weg zu Vorbesitzern und Teilespendern. Sie hatten ihm für ihre Hilfe das Versprechen abgenommen, mit dem Auto vorbeizukommen, wenn er es wieder zum Leben erweckt haben würde. Es flossen Tränen der Rührung. Das Cabrio ist ein Meisterwerk: Die Restauration von Kurt Mießner hat diese Bezeichnung verdient. Genauso wie das Auto selbst, das vor einem knappen halben Jahrhundert unauffällig und ohne Ankündigung aus der Produktion genommen worden ist.

Besonderheiten des Cabrios von Kurt Mießner gegenüber dem Serienmodell: 992-Kubik-Motor mit 45 PS und 120 km/h Höchstgeschwindigkeit, Zündspulen im Lüftungsschacht, Rückfahrleuchten der Wartburg Limousine de Luxe, vollsynchronisiertes Viergang-Getriebe, Verdeck-befestigung analog IFA F9.

Wartburg 311-3: das Coupé für den Export

Die Coupé-Variante erfüllte zeitgenössische Kundenwünsche aus dem Ausland. Seine Karosserie wurde im Karosseriewerk Meerane hergestellt. Die Technik entsprach weitgehend der der Limousine. Zugelassen war das Coupé zunächst für vier Personen, später für fünf. Auf Sonderwunsch wurde das Auto mit einem 43-PS-Motor und einem Anschluss für einen Elektrorasierer ausgeliefert. Das grundsätzlich zweifarbige ReiseCoupé mit der großen Panorama-Eckscheibe und den vollversenkbaren Seitenscheiben galt als Nachfolger des Cabrios. Nach der Modellpflege kam das ReiseCoupé ab 1962 mit einem leistungsgesteigerten Motor auf den Markt. Die gewölbte Panorama-Heckscheibe wurde zunächst aus der Bundesrepublik importiert. Dann ging der Auftrag für die Heckscheibe an das Glaswerk Torgau. Dieser Betrieb war aber nur noch in der Lage, die Heckscheibe in einer dreiteiligen Ausführung zu fertigen.

In den letzten beiden Produktionsjahren wurden auch die praktischen vorderen Dreiecksfenster eingespart.Wartburg 311-5: Lebensgefühl mit westlicher Hilfe Ungemein populär war der Camping, ein geräumiger, lichtdurchfluteter Kombi. Über der Ladefläche befand sich ein Schiebedach, die hinteren

Seitenscheiben gingen in die nach innen gezogenen Dachlinien über.
Dazu wurden gebogene Scheiben eingezogen, ähnlich wie bei einem Land Rover. Allerdings mussten diese für das markante Aussehen des Fahrzeugs so wichtigen Scheiben aus Westdeutschland importiert werden. Der Camping drückte ein Lebensgefühl aus. In beiden Teilen des Nachkriegsdeutschlands hatte sich die Lage stabilisiert, die Menschen in Ost und West waren zu bescheidenem Wohlstand und Lebensstandard gekommen. Man durfte sein Leben wieder genießen. Dazu gehörte auch die Freizeitgestaltung, im Osten wie im Westen. Auch wenn es für teure Hotelaufenthalte noch nicht reichte, verbrachte man seine Freizeit auf dem Campingplatz. Und genau dafür war der Camping geeignet, und deshalb hieß er so. Er bot Platz, und – besonders wichtig für Reisen – die Sitze ließen sich laut Werbung zu einem komfortablen Doppelbett ausziehen. Was für Singles und Jungverheiratete in einer Zeit, in der Wohnraum chronisch knapp war, wohl auch noch eine andere Bedeutung gehabt haben mag ...
Das harmonische Bild rundeten die Prospekte für diese Fahrzeuggattung ab, gab sie den Werbestrategen doch die Gelegenheit, der Bestimmung des Fahrzeugs entsprechend Models in leichter Bekleidung vor dem Camping abzubilden. Ganz so schön war die Wirklichkeit aber nicht. Wer sich auch nur ein einziges Mal in der DDR ohne Voranmeldung

Wenn man sich den nach vorne ausgestellten Knick im Frontgrill wegdenkt, kann dieser Prototyp des Wartburg 355 eine Ähnlichkeit mit dem VW Passat nicht verleugnen. Deshalb kursiert das Gerücht, die Pläne wären nach Wolfsburg verkauft worden; dort sei auf deren Grundlage der Passat entstanden.

auf die Suche nach einem Hotelzimmer gemacht hat, dem werden diese Prospekt-Visionen wie Märchen vorkommen. Tatsächlich zielte die Produktpalette aus Eisenach immer auch auf den Export. Und der lief damals nicht schlecht. Ein altes Schwarzweißfoto, aufgenommen im Gegenlicht, zeigt den Betriebsdirektor Martin Zimmermann bei der Übergabe des 10.000 Wartburgs an die finnische WartburgVertretung in Helsinki. Die Menschen im eigenen Land mussten die Exporterfolge mit langen Wartezeiten auf ihren Wartburg bezahlen. Andererseits gab es damals durchaus potente Privatkunden in der DDR, die über die Finanzkraft verfügten, sich einen neuen Wartburg leisten zu können. Noch hatten die Verstaatlichungswellen nicht die gesamte Wirtschaft erfasst.

Wartburg 313-1: das attraktive Sport-Coupé

Das attraktivste Modell in der Typenvielfalt des Wartburg 311 war und ist bis heute der Wartburg Sport 313-1. Dieses Modell weicht auch in wesentlichen Features von der ansonsten einheitlichen Wartburg-Plattform. ab. Das Sport-Cabrio gilt als die formschönste Neukonstruktion aus Eisenach in der DDR-Ära. Das Design dieses tief liegenden Zweisitzers mit der lang gezogenen Motorhaube, dem Ziergitter, seitlichen Luftschlitzandeutungen, einem neuen Instrumententräger und einem originellen Lenkrad mit unterschiedlichen Durchmessern ober- und unterhalb der Querspeiche gilt als zeitlos schön. Solide verarbeitete Ledersitze

Ähnlich wie der Wartburg 311 wurde auch der 353 während seiner gesamten Konstruktionszeit beinahe unverändert gebaut. Durchgängige Baureihen waren die Limousinen- und die Kombiversion.

demonstrierten den gehobenen Anspruch. Die nach Entwürfen des legendären Eisenacher Konstrukteurs Hans Fleischer gestaltete Karosserie erhielt bereits auf der Leipziger Frühjahrsmesse 1957 eine Auszeichnung für gute Formgebung. Auf Messen posierten hübsche Models in gänzlich unsozialistscher Manier an diesem Ausnahmeauto. Das aus Blech gefertigte Dach konnte abgenommen werden. Bei der zweisitzigen Variante war gegen Aufpreis hinter den Rücklehnen ein Faltdach installiert. Bei der Variante mit zwei Notsitzen musste darauf verzichtet werden. Die harte Federung erlaubte eine höhere Endgeschwindigkeit. Durch eine Zweivergaser-Anlage (zunächst auf einem gemeinsamen Ansaugraum arbeitend, im Verlauf der Serie in paralleler Ausführung), zwei getrennte Ölsieb-Luftfilter und geänderte Steuerzeiten von 75° auf 78,5° kitzelten aus dem Motor 50 PS heraus und brachten das Auto auf eine Höchstgeschwindigkeit von 140 km/h. Allerdings musste diese Vmax mit einem Drehmomentschwund im unteren Drehzahlbereich erkauft werden. Erst bei höheren Drehzahlen lag die Beschleunigung wieder im Schnitt und erzeugte dabei eine kernige Geräuschkulisse. Meistens sind es aber gerade diese individuellen Besonderheiten einer Baureihe, die ihr Glanz verleihen. So auch bei der reinen Hardtopausführung, bei der sich jeder Fahrer vor Fahrtantritt die Frage stellen musste, ob er „oben ohne" fährt – mit allen Konsequenzen, die sich daraus ergeben können!

Die Nachfrage nach diesem Typ war größer als das Angebot. In der DDR konnte das Modell nur von einer kleinen Käuferschicht erworben werden. Die meisten Fahrzeuge wurden ins Ausland geliefert. In Westdeutschland feierte dieses Auto öffentlichkeitswirksame Auftritte, die man sich im Licht des Ost-West-Gegensatzes heute kaum vorstellen kann (mit Nachweisen: Meilensteine aus Eisenach, von Werner Reiche und Michael Stück, 1. Auflage 2003, S. 122). Insgesamt wurden von 1957 bis 1960 insgesamt nur 469 Fahrzeuge dieses Typs ausgeliefert. Wie viele davon heute noch fahrbereit sind, ist unbekannt. Fahrbereite Exemplare im Privatbesitz gelten als unverkäuflich.

Zwischen den Epochen

Die Interimstypen

Im Rückblick darf die Epoche der 311er Produktion als die glücklichste Zeit des Automobilwerks in Eisenach gelten. Die Autos waren zeitgemäß, sowohl technisch als auch optisch. Heute gelten sie als

DFD – Tauschhandel und Vorratshaltung

Weil es im real existierenden Sozialismus der DDR mit der systembedingten Planwirtschaft nicht immer alles zu kaufen gab, entwickelten die Menschen Strategien gegen diese Mangelwirtschaft. Dabei handelte es sich um das Beschaffen von Vorräten, wenn es das Gewünschte gerade gab, um dann im Bedarfsfall nach dem Grundsatz des Tauschhandels weiterzukommen. Aus diesen Verhaltensweisen entstanden über die Jahre hinweg regelrechte Traditionen. Inoffiziell erhielten sie Namen wie „DFD" („Dies für das") oder „Gibsen" („Gibst du mir, geb ich dir"). Deshalb können Keller, Speicher und Abstellräume auch heute noch wahre Fundgruben sein. Insbesondere bei der Suche nach Ersatzteilen für das Restaurieren von Oldtimern.

Klassiker. Doch die wirtschaftlichen Rahmenbedingungen zwangen zur Rationalisierung und Vereinheitlichung. Weil sich die DDR-Wirtschaft die abrupte Einführung neuer Modelle weder finanziell noch strukturell leisten konnte, erfolgte der Übergang fließend. Neuerungen wurden im Wesentlichen unter dem bewährten Blechkleid eingeführt. Es entstanden die sogenannten Interimstypen. Zu ihnen zählte noch das 311-300 HT Hardtop-Coupé und zugleich schon der 312-300 HT Hardtop-Coupé, die Limousine 312-0/1 sowie der 312-5 Camping.
Beim Fahrwerk des 312 kamen Schraubenfedern mit 13-Zoll-Rädern zum Einsatz. Beim geringfügig modifizierten Getriebe blieb der erste Gang unsynchronisiert. Auch die Innenausstattung erfuhr einige Änderungen. Dazu zählte ein Zwei-Speichen-Lenkrad statt eines Drei-Speichen-Lenkrads. Für den 311-300 HT wurden die in Dresden hergestellten Karosserien modifiziert. Für den Camping kamen jetzt auch Ersatzkarosserien ohne Schiebedach zur Auslieferung.
In welch hohem Ansehen die Camping-Limousinen stehen, mag eine Begebenheit am Tag der Grenzöffnung zeigen. An diesem Tag fuhr der Wernigeröder Transportunternehmer Jürgen Nagler mit seinem privaten Camping nach Helmstedt. Kaum war er „drüben" angekommen, bot ihm ein Holländer, der in Helmstedt das Ereignis der Grenzöffnung miterlebte, auf der Stelle einen fünfstelligen D-Mark-Betrag für das Auto. Jürgen Nagler lehnte dankend ab. Bis heute hat er diese Entscheidung nie bereut.

Im Eisenacher Museum ist der Wartburg 353 auch mit Accessoires aus dem Reise- und Alltagsgebrauch ausgestellt.

Wartburg 311-300 HT: er blühte nur einen Sommer ...

Mit dieser melancholisch-traurigen Einleitung ist fast alles gesagt. Denn an seine Einführung im Jahr 1965 knüpften sich große Erwartungen. Nach dem Ende der Cabrio-Produktion hatten fünf Jahre lang keine offenen Wartburgs mehr im Programm gestanden. In der Eisenacher Produktnachfolge ersetzte der 311 HT das Reisecoupé. Aber der 311 HT blieb nur ein Jahr lang im Programm. Den 311er HT ersetzte allerdings ab Ende 1965 das 312-300 HT Hardtop-Coupé. Das auch äußerlich sichtbare Unterscheidungsmerkmal war das neue Fahrwerk mit kleineren Rädern. Das Hardtop ließ sich wie beim 311 HT abnehmen. Allerdings stand jetzt ein voll versenkbares Verdeck mit eingenähten Seitenfenstern zur Verfügung. Eine hohe Priorität in der Produktion kann dieser attraktive Roadster nicht gehabt haben, denn nur 300 Fahrzeuge dieses Typs liefen vom Band. Vermutlich hatte 1961 der Mauerbau in Berlin das Klima zwischen dem Osten und dem Westen so weit verschlechtert, dass die für die Materialzuweisung zuständigen Planwirtschaftsgremien dem Modell keine hohen Exportaussichten einräumten

Fahrzeugidentifikationsnummern

Ein Auto war in der DDR durch drei Identifikationsnummern gekennzeichnet: Motornummer, Fahrgestellnummer und Karosserienummer. Diese Seriennummern waren bei einem Neuwagen identisch. Doch die Nummern konnten sich ändern. Wurde beispielsweise ein neuer Motor eingebaut, ersetzte die Nummer des neuen Motors die Nummer des alten Motors. Die neue Fahrzeugkomponente hatte dann eine sogenannte E-Nummer. E wie Ersatz. Für den Erwerb einer dieser Ersatzkomponenten brauchte der Käufer eine behördliche Genehmigung. Beim Zusammentreffen ungünstiger Umstände – wenn zum Beispiel kein Fahrzeugbrief vorhanden ist – können E-Nummern die individuelle Fahrzeuggeschichte verschleiern.

Wartburg 355 – Playmobil oder Passat?

Dieses Modell ist kein Interimstyp gewesen. Nur ein Prototyp. Über dieses Entwicklungsstadium ist der Fahrzeugtyp nie hinausgekommen. Die Quellenlage ist sich nicht einmal einig, wie viele Autos gebaut wurden. Drei, vier oder sechs? Das Museum in Eisenach sagt, es wären sechs Fahrzeuge angefertigt worden. Andere Quellen sprechen von drei oder vier Modellen. Auch über die Motorisierung gibt es unterschiedliche Angaben. Vier Leistungsklassen werden genannt: 50, 55, 74 und 82,7 PS. Der in Eisenach ausgestellte Typ ist mit einem Dreizylinder-Zweitaktmotor mit 55 PS ausgerüstet, der im Verkehrsmuseum Dresden ausgestellte Typ mit einem Vierzylinder-Viertaktmotor mit 74 PS. Was hat in diesem Buch die Vorstellung eines Autos zu suchen, das es nie zu kaufen gab und dessen Entwicklung für die Automobilproduktion keinen Einfluss hatte? Die Frage klingt berechtigt. Es geht darum, dass dieser Prototyp von zwei Legenden umrankt ist. Wäre die eine wahr, würde sie wie kaum eine andere Geschichte die Betonköpfigkeit der Bonzen erklären. Die Auswirkungen der anderen, wäre sie wahr, würden noch bis in die Gegenwart reichen.

Die Historie des Wartburg 400 Kübel mit Viertaktmotor gehört noch zu den Eisenacher Geheimnissen. In den Unterlagen konnten bislang keine Hinweise gefunden werden. Es gibt nur ein Gerücht. Das wurde Peter Süssemilch bei einer Oldtimerveranstaltung von einem Unbekannten ins Ohr geflüstert.

Demnach war der Wartburg 355 war als Nachfolger des 311 und 312 vorgesehen. Seine Entwicklung war der Zeit um Jahre voraus. Als die Eisenacher ihn nicht bauen durften, ging er bei VW in Serie. Als Passat. Nein, so einfach funktioniert die automobile Geschichtsschreibung natürlich nicht. Der Reihe nach. In Eisenach zeichnete sich ein Modellwechsel ab. Wie jedes Unternehmen reagierte AWE darauf mit Neuentwicklungen. Beim Konstruieren scheint dem 355 alles zugestanden worden zu sein, was damals – auch im Westen – gängig war. Und auch noch mehr.

Die Karosserie entstand in GFP-Bauweise. Diese Bauweise habe sich für die Serie als zu arbeitsintensiv erwiesen, die Entwicklung sei deshalb eingestellt worden, sagt der eine. Nur die Karosserien der Protos wäre aus Kunststoff gefertigt worden, für die Serie wäre Blech – wie bei fast allen Eisenacher Baureihen – vorgesehen gewesen, sagt der andere. Eine Besonderheit ist aber – darin stimmen alle überein – die Karosserieform mit Schrägheck und großer Hecktür gewesen. Im Verkehrsmuseum Dresden wird das ausgestellte Auto deshalb sogar als Coupé bezeichnet.

Legende Nummer eins: Weder Fertigungs-, Materialoder Motorisierungsprobleme wären das Aus für dieses Modell gewesen, sondern der Ausspruch eines hochrangigen Funktionärs bei der Präsentation des Autos, das sei ein Wagen für Playboys. Weil es diese Spezies im Sozialismus aus ideologischen Gründen nicht geben durfte, sei die Fertigung eingestellt worden. Allerdings ist der Ausspruch weder protokolliert, also bewiesen, noch lässt er sich hypothetisch namentlich zuordnen. Legende Nummer zwei: Nachdem das Projekt eingestellt worden sei, wären Blaupausen der Designunterlagen an

Der Motor ist ein rumänischer Dacia-Lizenzbau aus dem Renault 12 TL.

Volkswagen verkauft worden. Die hätten das Auto dann als Passat nachgebaut. Das lässt sich ebenso wenig beweisen, aber umso besser behaupten.

„Das ist das Auto, dessen Pläne wir an VW verkauft haben", erklärte uns auf Nachfrage ein ehemaliger AWE-Mitarbeiter. Als „Beweis" verwies er auf die Karosserie des 355 und die des Passats der ersten Serie. Tatsächlich, wenn man sich den Kühlergrill mit dem nach vorne ausgestellten Knick wegdenkt ... Eine Tatsache ist auch, dass Schräghecktypen mit großen Heckklappen damals noch nicht hergestellt wurden. Als sie rauskamen, unabhängig vom Hersteller, waren sie fast alle ein großer Erfolg. Angelegentlich verweist das Verkehrsmuseum Dresden darauf, dass der Passat erst einige Jahre später auf den Markt kam.

Der Wartburg 400 Kübel (Baujahr 1976) wurde nur in zwei Exemplaren mit einem Viertaktmotor hergestellt. Ein Auto gilt als unauffindbar, das zweite besitzt Peter Süssemilch aus Großfurra. Der Oldtimerrestaurator war früher Rennfahrer und Karosseriebaumeister bei AWE.

Der letzte Akt

Die Wartburg-Produktion vor dem Aus

Um Haaresbreite hätte es den Wartburg 353 nicht gegeben. Eisenach hätte in den 1970er-Jahren seine Bedeutung als Autostadt verloren. Dass es anders kam, ist die Folge eines Machtkampfs auf der politischen Bühne: die Partei gegen den Staatsapparat. Der Sieger war die Partei, den Nutzen hatte Eisenach, Zwickau das Nachsehen. Es ging um das RGW-Auto, eine Gemeinschaftsarbeit zwischen der DDR, der CSSR und Ungarn. Ihm hätte die Rolle des aus Rationalisierungsgründen für die 1970er-Jahre anvisierten sozialistischen Einheitsautos zukommen sollen. Doch die Vorlage über die Fahrzeugentwicklung war im Präsidium des Ministerrats beschlossen worden. An der Partei war das Vorhaben vorbeigelaufen. Ein guter Plan, sich damit in der Partei Freunde zu machen, war das nicht gewesen. Und um die Frage, wer im Land wirklich das Sagen hat, ging es dann auch.

Normalerweise haben die Namen von Politikern in einem Buch über Autos nichts zu suchen. Hier müssen wir eine Ausnahme machen und ausgerechnet den von Günther Mittag ins Spiel bringen. Ausgerechnet dieser Politiker war Protagonist der Eisenacher Sache – ironischerweise war er aus ideologischen Gründen auch ein Gegner der Massenmotorisierung. Die Vorstellung, dass ausgerechnet Günther Mittag diese tragende Rolle gespielt hat, mag gefallen oder auch nicht. Aber das Ergebnis seiner Intrige reicht bis in die Gegenwart. Wäre AWE damals zum Zulieferer degradiert worden, hätten sich Opel und BMW nach der Wende wohl kaum in Eisenach niedergelassen. Mittags Sorge war auch nicht die Erhaltung des VEB AWE, sondern die politische Macht. Die Eisenacher brachen die Auseinandersetzung vom Zaun, im eigenen Interesse. Sie gerierten sich als Speerspitze gegen das RGW-Auto.

Überlegungen, die Produktion eines Autos arbeitsteilig mit anderen RGW-Ländern zu betreiben, reichen in die 1960er-Jahre zurück. Das ostdeutsche Zentrum hätte dabei Zwickau werden sollen. Für Eisenach wäre es das Ende des eigenständigen Fahrzeugbaus gewesen. Dort waren aber die Entwicklungsarbeiten für den 353 in Angriff genommen worden, nachdem das ZK der SED am 15. Juli 1964 diese Neuentwicklung genehmigt hatte. Bereits seit 1966 lief der 353 vom Band. Jetzt begehrte die Belegschaft gegen den abzusehenden Produktionsstopp „ih-

55 x 100 Ost-Mark = Mazda 323

Verbürgt ist der Preis, der Mitte der 1980er-Jahre für einen gebrauchten Mazda 323 auf dem Schwarzmarkt (heute würde man „Automeile" sagen) Berlins bezahlt wurde. Das Auto war ein Jahr zuvor über Genex ins Land gekommen. Dieses in der DDR äußerst begehrte Modell wechselte für 55.000 (Ost-)Mark den Besitzer. Die Summe wurde in 100-Mark-Scheinen bezahlt. In einer Gartenlaube am Stadtrand hätten sie gemeinsam das Geld gezählt, erinnert sich der Käufer: „Das hat ganz schön lang gedauert!" Mit dem gesamten Geld im Gepäck war der Mitarbeiter eines ostdeutschen Automobilherstellers im Zug nach Berlin gefahren. Auf Verdacht: „Ich hatte nur in Erfahrung gebracht, wo der Schwarzmarkt ist." Der Käufer flüchtete übrigens noch vor der Wende in den Westen – in eben diesem Mazda. Heute betreibt er in Ostdeutschland eine florierende Restaurationswerkstatt für hochwertige Sportwagen-Oldtimer aus westdeutscher Produktion.

res" Wartburgs auf. An ihrer Spitze standen der Parteisekretär und der Betriebsdirektor des Eisenacher Werks. Scheinbar ratlos beklagten sie das unzureichende Umsetzen von Parteibeschlüssen. Sogar Außenstehende hätten die Belegschaft darauf angesprochen! Schon sahen die Eisenacher in ihrem Betrieb die führende Rolle der Partei gefährdet. In einem Land, in dem das Erklären von Parteibeschlüssen als Allheilmittel galt, waren derartige Nachrichten äußerst alarmierend. Die Verursacher dieses Zustands wussten sie auch zu benennen: staatliche Institutionen!

Deren Repräsentant war der Ministerpräsident Willy Stoph, auf dessen Ministerratsebene das RGW-Auto administrativ projektiert worden war. Günther Mittag, Spitzenkandidat in der Volkskammer für das nahe gelegene Erfurt, müssen die Eisenacher als Verbündeten an ihrer Seite gewusst haben. Es ist kaum vorstellbar, dass sie ihre Kritik ohne seine vorher signalisierte Zustimmung geäußert haben. Dass es ihm indes nicht um den Automobilbau ging, sondern um die (All-)Macht der Partei, das war egal, das Zusammenspiel nutzte beiden. Über das RGW-Auto hatte der Ministerrat entschieden. Nicht die SED! So konnte das

In Eisenach gab es auch eine Sportabteilung. Für die standen finanzielle Sondermittel zur Verfügung. Die Rallye-Wartburgs erzielten bei nationalen, aber auch bei internationalen Rallyes beachtliche Erfolge. Zugmaschine und Auflieger sind eine Eigenentwicklung.

natürlich nicht gehen in einem Land, in dem die Partei die Führungsrolle beanspruchte. Argumente waren die finanziellen Risiken bei der Entwicklung eines RGW-Autos, die eingeschränkte Wirtschaftskraft der DDR und die Folgen für das Land und die Bevölkerung bei einem Misserfolg dieses automobilen Gemeinschaftsprojekts. Nützlich war diese ehrliche Beweisführung obendrein!
Aus genau diesen Gründen bezeichnete Erich Honecker das RGW-Projekt erst einmal als nicht entscheidungsreif. Plötzlich schwenkte auch die Ministerriege um und machte horrenden Investitionsbedarf für vorrangige Verbesserungen der Infrastruktur geltend. Für ein RGW-Auto blieben da – selbstverständlich – keine Gelder übrig.
Weil die DDR bei den RGW-Partnern nach immerhin jahrelangen Vorund Abstimmungsgesprächen in der Pflicht war, wurde eine neue Arbeitsgruppe gebildet. Die hatte über die zukünftige Automobilentwicklung eine entscheidungsreife Vorlage zu entwickeln. Für DDR-Verhältnisse arbeitete sie ungewöhnlich schnell. Sie empfahl bereits Ende Juni 1973, alles – mehr oder weniger – beim Alten zu belassen. Am 25. Juli 1973 bestätigte das Politbüro die Fertigung des Wartburgs in Eisenach und erhöhte die Jahresproduktion auf 70.000 Fahrzeuge. Bis 1979 köchelte die RGW-Kooperation für ein Gemeinschaftsauto noch weiter, dann kündigten das Politbüro und der Ministerrat die Zusammenarbeit. Günther Mittag hatte im Hintergrund erfolgreich die Fäden gezogen

Der Wartburg 353

Bis zur Einstellung der Produktion wurde der 353 in Etappen und mit fließenden Übergängen modellgepflegt. In der Anfangsphase, als noch Komponenten des 312, wie beispielsweise dessen Getriebe, verwendet wurden, nannte

Berechtigungsschein zum Kauf eines Neuwagens

Wer einen Neuwagen haben wollte, musste seine Kaufabsicht beim IFA-Vertrieb anmelden. Von dieser zentralen Stelle erhielt der Interessent daraufhin die rosafarbene Pkw-Bestellbestätigung, im Volksmund „Berechtigungsschein" genannt, für den gewünschten Fahrzeugtyp ausgefertigt. Die Rechtsverbindlichkeit eines Kaufvertrags hatte dieser Berechtigungsschein nicht. Er berechtigte nur zum Kauf eines Pkw, wenn die Zeit bis zur Auslieferung verstrichen war. Möglichkeiten der Einflussnahme auf Ausstattungsvarianten und Zubehör existierten üblicherweise nicht.
Nachdem der Kaufinteressent den Berechtigungsschein erhalten hatte, begann für ihn die Wartezeit auf die Auslieferung des Neuwagens durch die regionale IFA-Vertriebsniederlassung. Diese Wartezeiten waren wegen ihrer Dauer berüchtigt. Sie konnte bei einem begehrten Wartburg zehn Jahre und mehr betragen. Den Trabant gab es schon nach sechs Jahren. Eine der ersten Aktivitäten eines Volljährigen bestand deshalb darin, ein Auto zu bestellen. Machte man von seiner Kaufberechtigung keinen Gebrauch, rückte der nächste Berechtigungsscheininhaber nach.
Eine Verkürzung der Wartezeit war selten. Die musste beantragt und genehmigt werden. Unterste Entscheidungsebene dafür war der Rat des Bezirkes. Der machte von seinem Recht, Ausnahmen zu erlauben, aber nur zurückhaltenden Gebrauch. Persönliche Gründe waren nachrangig. Chancen hatte derjenige, der darlegen konnte, sein Fahrzeugbesitz diene dem Gemeinwohl. Der Versuch, dieses System zu reformieren beziehungsweise abzuschaffen, scheiterte am Widerstand der Jugendorganisation der DDR. Die Reform sah vor, dass man Auto anzahlen und noch vor dem Bezug vollständig bezahlen müsse. Das verstieße gegen den Jugendschutz, argumentierten die Gegner, denn junge Leute könnten so schnell nicht die erforderlichen Beträge aufbringen.

Ohne Rost und Mängel: Dieser Wartburg lief Mitte der 1970er-Jahre vom Band. Er wurde ausschließlich durch gute Pflege in einem Top-Zustand erhalten.

man das Stufenanlauf. Gegenüber dem 311er ersetzten Schraubenfedern die Blattfedern. Das Fahrzeuggewicht konnte reduziert, die Wendigkeit und die Service-Freundlichkeit verbessert werden. Diese Verbesserungen plus Doppelquerlenkerachse vorn, Lenkerachse mit Querstabilisator hinten, neuen Triode-Gelenkwellen und lastabhängiger Bremskraftbegrenzung waren ein technischer Fortschritt und entsprachen im internationalen Vergleich mindestens dem Niveau von Mittelklassefahrzeugen. Wartungsfreiheit erreichten die Konstrukteure durch Silentbuchsen und dauergeschmierten Kugelgelenken für Distanzen über 50.000 Kilometer.

Den Kraftstoff- und Ölverbrauch verringerte der neu entwickelte Fallstromvergaser BVF 36-F1-11. Der besaß eine kraftstoffsparende Starteinrichtung und ein Anreicherungssystem für den Volllastbereich. Die Zündanlage wurde durch einen neuen Dreihebelunterbrecher erreicht. Ab 1967 kam das lang erwartete vollsynchronisierte Getriebe zum Einbau. 1968 bauten die Eisenacher optional ein Schiebedach ein.

Allerdings ließ sich der Kühler nicht hinter den Ziergrill verlegen. Er verblieb hinter dem Motor auf dem Rahmenträger. Die anströmende Kühlluft war dadurch vorgewärmt. Deren verminderte Kühlwirkung musste durch einen erhöhten Luftdurchsatz ausgeglichen werden. Den sicherte ein starker Lüfter. Erst 1985 konnte ein Frontkühler eingebaut werden. Dabei erfuhr der Motor auch einen konstruktiven Umbau, erkennbar durch den Keilriemenzug auf der rechten Seite des Zylinderkopfs. Eine neue Abgasanlage reduzierte den Geräuschpegel, wodurch das maximale Drehmoment allerdings erst bei 3000 U/min. erreicht wurde.

Die neue Karosserie entsprach dem damaligen Zeitgeist. Außen verlaufende Haubenkanten ermöglichten ein optimales Erkennen der Fahrzeugbegrenzungen. Ein Vorteil, der vermutlich erst heute, im Zeitalter knappen Parkraums, größere Wertschätzung erfahren würde. Neue Features waren die 12V-Bordspannung, beladungs-abhängig verstellbare Ovalscheinwerfer, breite Kombinationsheckleuchten, Breitbandtachometer, elektrische Scheibenwaschpumpe und Geschwindigkeitsstufen für den Scheibenwischer. Das Auto blieb im Grundkonzept bis zur Stilllegung des Werks 1991 weitgehend erhalten.

Das Hauptproblem: der Zweitaktmotor

Während man bei der Einführung des 353 mit viel Wohlwollen den Zweitakter als gerade noch zeitgemäß ansehen konnte, entwickelte sich dieses Aggregat in den folgenden zwei Jahrzehnten immer mehr zum Problem dieser Baureihe. Nicht etwa, weil der Motor störanfällig war oder durch Kurzlebigkeit negativ auffiel. Der Motor galt als zuverlässig; aber während die Leistung westlicher Motoren immer weiter gesteigert wurde, ließen sich aus dem Zweitakter kaum zusätzliche Pferdestärken herauskitzeln. Im Vergleich zu den Mitbewerbern wurde er immer schwächer. Von einem Vergleich der Abgaswerte ganz zu schweigen.
Die Beteiligung an der Entwicklung des zunächst euphorisch begrüßten Kreiskolbenmotors hatte sich die DDR wegen fehlender Perspektiven verabschiedet. Wie wir heute wissen, zu Recht. Um aber wenigstens den Export ankurbeln zu können, dachte die ostdeutsche Automobilbranche darüber nach, wenigstens ein Ausfuhrmodell mit einem importierten Viertakter ausrüsten zu können.

Berechtigungsschein zum Kauf einer Rohkarosserie

Berechtigungsscheine waren auch für das Beziehen von Rohkarosserien erforderlich. Die durchschnittliche Wartezeit bis zu deren Kauf belief sich auf sechs Jahre. Nach einem Rennunfall war es dem später mitsamt seiner Renntechnik in den Westen geflüchteten DDR-Rennfahrer Peter Süssemilch gelungen, die Freigabe des Kreises für den Sofortbezug einer Rohkarosse zu erhalten. Peter Süssemilch: „Die Karosserie hätte ich sofort für das Dreifache des Bezugspreises verkaufen können." Der Handel mit den Berechtigungsscheinen blühte. Inoffiziell. In einer ersten Phase wurden nur die Nutzungsrechte gehandelt. Weil damit das Verbot des privaten Gebrauchtwagenhandels unkontrollierbar geworden war, gab der Staat nach. Allerdings musste nach der Auslieferung ein halbes Jahr lang der Inhaber des Berechtigungsscheins als Fahrzeughalter eingetragen bleiben. Der Wert des Berechtigungsscheins stieg mit dem Näherrücken der avisierten Auslieferung. Unmittelbar vor diesem Termin lag der Wert eines Berechtigungsscheins 50 Prozent über dem Neuwagenpreis. Mit der Wende war dem IFA-Vertrieb die Existenzgrundlage entzogen worden, das Bestellsystem regelrecht über Nacht obsolet geworden. Die Fahrzeuglager waren überfüllt. Im Frühjahr 1990 musste die Fahrzeugproduktion zurückgefahren werden. Während der Frühjahrsmesse lud der IFA-Generaldirektor die Betriebsdirektoren zur Beratung ein. Die Ansichten über den IFA-Fortbestand divergierten dermaßen, dass der IFA-Generaldirektor den IFA-Vertrieb auflöste. Die ehemaligen Kaufinteressenten, die jetzt einen Westwagen haben wollten, hatten die fehlende Rechtverbindlichkeit des Berechtigungsscheins zu ihren Gunsten ausgelegt.

Der letzte Wartburg – inzwischen ein 1.3 mit Vierzylinder-Viertaktmotor – fuhr aus der Produktion direkt ins Museum.

Doch alle Versuche scheiterten an technischen Problemen beim Einbau der überwiegend im Westen angekauften Aggregate.
Da schien ganz plötzlich der Einbau eines Sechszylinder-Zweitaktmotors aussichtsreich. Dessen Konstruktion stammte noch aus der Zeit vor dem Zweiten Weltkrieg.
Der Konstrukteur hatte seine Pläne der Bayreuther Motorengesellschaft (BMG) überlassen. Die war gewillt, mit der DDR zu kooperieren. Zwei dieser SechszylinderZweitakter demonstrierten in Versuchsfahrzeugen der Wartburg-Baureihe 353 eindrucksvolle Fahrleistungen von über 150 km/h Höchstgeschwindigkeit. Doch die CO-Emission lag um das Neunfache über dem Limit. Als die Ernst Heinkel AG, ihrerseits Teilhaber bei BMG, sich einblendete und die Bedingung signalisierte, den Kurbelsatztrieb für diesen Motor in der Serienfertigung herstellen zu wollen, mussten die Eisenacher auf Distanz gehen. Während man die technischen Probleme vielleicht hätte lösen können, scheiterte der Motor am schlechten politischen Klima zwischen Ost und West.
Eisenach – übrigens auch Zwickau – entschloss sich, die Entwicklung eines Viertakters selbst in die Hand zu nehmen. Tatsächlich gelang es, zwei Motoren des Typs 400 zu entwickeln. Lediglich die Brennräume waren bei den beiden Typen verschieden gestaltet. Es waren die ersten in der DDR kon-

struierten OHC-Motoren. Noch während der Plan für die Komponentenherstellung durch die Zulieferer entwickelt wurde, erging von oben die Anweisung zum Abbruch dieser Motorenentwicklung. Begründung: mangelnde Erfahrung bei der Produktion von Viertaktern (wie sollte man die bekommen, wenn man nicht durfte?) und zu hohe Fertigungskosten. Ein Motor (der Leistungsschwächere der beiden Typen) durfte noch getestet werden. Selbst ohne Feinabstimmung wurde dabei eine Vmax von 153,2 km/h gestoppt, dann mussten die Arbeiten endgültig eingestellt werden.
Am 3. März 1975 ging der Wartburg 353 Win Serie. W bedeutet Weiterentwicklung. Er hatte eine Zweikreisbremsanlage mit Scheibenbremsen bekommen, eine ECE-gerechte Lenksäule mit Abscherkupplung, H4-Hauptscheinwerfer, einen neuen Instrumententräger und Sicherheitsgurte mit Einhandbedienung. Die Verbesserung der Fahrzeugsicherheit stand bei dieser Modellpflege im Vordergrund.

Geheimnisse in Eisenach

Auf der Grundlage dieser W-Serie entstand in Eisenach eine Kleinserie, die noch heute geheimnisumwittert ist. Die Produktion war so geheim, dass bis heute der Verbleib der Kleinserienfahrzeuge nicht restlos geklärt ist. „Für gesellschaftliche Bedarfsträger" ist bis heute als Produktionsbegründung in den Annalen des Eisenacher Werks nachzulesen. Das besagt gar nichts und füllt nur Papier. Wer in der DDR so etwas las, der hatte längst gelernt, dass man dann keine weiteren Fragen stellte. Nach der Wende tauchten einige dieser Autos einfach irgendwo auf. Ihr Zustand war gepflegt, vielleicht etwas angestaubt, die Laufleistungen mäßig, aber nicht so gering, dass man sagen könnte, die Autos hätten

Gebrauchtwagenhandel – eine Wissenschaft für sich

Zwei Wege standen den Bürgern der DDR für den Erwerb eines Gebrauchtwagens zur Auswahl: der staatliche und der private. Der IFA-Vertrieb unterhielt ein Vermittlungskontor für den Handel mit gebrauchten Maschinen, also auch für Autos. Dort meldete der Interessent die Kaufabsicht an. Daraufhin erhielt er einen Berechtigungsschein. Die Wartezeit bis zum Kauf hing von Angebot und Nachfrage ab. Dennoch bestand die Chance, dass über das Kontor das Wunschobjekt schneller angeboten wurde, als es auf dem Privatmarkt ausfindig gemacht werden konnte.
Offiziell erlaubt waren öffentliche Gebrauchtwagenmärkte erst ab Anfang der 1980er-Jahre. Vorteilhaft war dabei die staatliche Preiskontrolle. Deshalb waren die Preise der über das IFA-Kontor vermittelten Gebrauchtfahrzeuge moderat, zumindest im Vergleich zum Privatund zum Schwarzmarkt. Dort trieb die Wartezeit die Preise nach oben, was vom Staat nicht gewollt war, weil Handel dieser Art als kapitalistische Ausbeutung galt, weswegen es nicht jedermann wagen durfte, auf dem Privatmarkt aufzutreten. Wie hätte ein Genosse, der in Parteiversammlungen („Rotlichtbestrahlung") gegen kapitalistische Ausbeutung wettert, als Mittäter auf dem Privatmarkt ausgesehen?
Denumfangreichsten Anzeigenteil für den privatenHandel mit Gebrauchtfahrzeugen veröffentlichte regelmäßig die Tageszeitung „Neue Zeit", herausgegeben von der Ost-CDU.
Gelegentlich bot das Vermittlungskontor Schnäppchen an: herrenlose Fahrzeuge, deren ehemalige Besitzer in die BRD rübergemacht waren. Meistens reisten die noch motorisiert bis in die Nähe der Grenze. Den letzten Abschnitt des Weges gingen sie zu Fuß. Das Fahrzeug blieb zurück, meistens versteckt abgestellt im Wald.

20 Jahre lang gestanden. Die Papiere waren – wenn welche vorhanden waren – korrekt, als Vorbesitzer nichts sagende Namen oder Einrichtungen eingetragen, mitunter sogar AWE selbst.
Bei diesen Wartburg W 400 handelt es sich um relativ tiefbauende Fahrzeuge mit dem Aussehen eines offenen Kübelwagens. Die Lackierung ist in der Regel olivgrün. Wer glaubt, es habe sich um Militärfahrzeuge gehandelt, liegt falsch. Denn diesen Fahrzeugen fehlt ein wesentliches Ausstattungsmerkmal von Geländefahrzeugen: der Allradantrieb, die Geländeuntersetzung oder wenigstens die Differenzialsperre für die Hinterachse. Auch hier wurde der in GFP-Technologie gefertigte Aufbau (so schrecklich aufwendig kann sie also doch nicht gewesen sein) auf das weitgehend serienmäßige W-Chassis aufgesetzt. Das Auto ist sogar schwimmfähig. Konstruktiv gewollt scheint das nicht gewesen zu sein. Eine Überlieferung besagt, die Konstrukteure seien dabei gewesen, die Watfähigkeit zu testen, als das Auto plötzlich aufschwamm. Wenn diese Erzählung stimmt, müssen die überraschten Gesichter in diesem Moment bestimmt sehenswert gewesen sein.
Peter Süssemilch war Karosseriebaumeister bei AWE; als Rennfahrer gehörte er zum Auslandsreisekader für den Ostblock. Heute besitzt er in Großfurra eine Werkstatt, in der er hochwertige Oldtimer der Marke Porsche restauriert. Sein W 400 Kübel ist das Spitzenmodell dieser Kleinserie. Denn er wird von einem Viertakter angetrieben. Der Motor hat 1.300 cm3, 60 PS und eine Höchstgeschwindigkeit von 130 km/h. Von dieser Ausführung wurden nur zwei Fahrzeuge gebaut. Eines ist verschollen, das andere besitzt Peter Süssemilch.
Alle anderen W 400 waren mit Zweitaktmotoren der höchsten Leistungsklasse (55 PS)ausgestattet gewesen. Alle hatten die 353-W-Ausstattung, einen 60-Liter-Tank und Sportsitze. Das Verdeck ist auf einem Scherengestell montiert und wird in geschlossenem Zustand mit Lederriemen stabilisiert. Das Aufund Abbauen des Verdecks dauert zwei bis drei Minuten. Äußerlich unterscheidet sich der Viertakter vom Zweitakter nur durch einen anderen Frontgrill und die Blinker.
1994 habe er vier ehemalige Trabant Kübel der NVA bei sich auf dem Werkstatthof stehen gehabt, erzählt Peter Süssemilch. Da habe plötzlich ein Auto angehalten, der Fahrer sei ausgestiegen, zu ihm in die Werkstatt gekommen und habe ihn gefragt, ob er an einem Wartburg Kübel interessiert sei. Noch am selben Abend habe er dieses seltene Auto gekauft. Der Motor ist ein Lizenznachbau des Renault 12 TL-Aggregats von Dacia. Die Kleinserie der Zweitakt-Kübel war Anfang der 1970-er hergestellt worden. In den Papieren ist für den Viertakter als Erstzulassungsdatum der 30. Juli 1976 eingetragen. Das passt insofern, als damals die Eisenacher gerade mal wieder mit Viertaktern experimentieren durften.

Gerüchte über die Nutzer der W 400

Wer diese Kübel gefahren hat, ist bis heute weitgehend ungeklärt. Einige Fahrzeuge sollen dem Forstwirtschaftsbetrieb des DDRProminenten-Ghettos Wandlitz übergeben worden sein, wo sie von den Politikern und Funktionären bei Jagdausflügen genutzt wurden. Bekannt ist, dass für den StasiMinister Mielke ein W 400 speziell präpariert wurde: In Höhe der Rückbänke wurden beidseitig gepolsterte Gewehrauflagen montiert. Dieses Auto steht heute im Eisenacher Museum. Auch für das MfS soll eine Serie aufgelegt worden sein, teilweise mit Funk

Vollständig aufgereiht: Im Eisenacher Museum sind alle Motorversionen, die serienmäßig und versuchsweise in den Wartburg eingebaut wurden, ausgestellt (im Vordergrund der mit Teilen von Irmscher veredelte New Line mit Viertakt-Motor).

und Blaulicht. Zur Observation verdächtiger Personen. Das erscheint allerdings wenig plausibel, denn für derartige Zwecke verwendete man naturgemäß unauffällige Fahrzeuge und keine Baureihe, nach der sich alle ob ihres Seltenheitswerts die Hälse verrenken. Einige Sichtmeldungen dieser Fahrzeuge gibt es aus den Wäldern rund um Eisenach mit Insassen frohen Mutes und olivgrüner Jagdbekleidung. Es wird vermutet, es habe sich um Jagd-Safaris der regionalen Stasiund Partei-Elite gehandelt.

Die Kosten für diese Autos waren in der Eisenacher Abteilung für Versuchserprobung zu verbuchen. Montiert wurden die Autos im Zweigbetrieb Buchenau. Der Abtransport zu den „Bedarfsträgern" erfolgte auf Fahrzeuganhängern, die mit einer Plane abgedeckt waren. Peter Süssemilch, der selbst zwölf Jahre bei AWE gearbeitet hat: „Diese Autos waren tabu."

Ein Unbekannter gibt einen Hinweis

Der erste Fahrzeugbrief für diesen Kübel war für den Vorbesitzer ausgefertigt worden. Es gibt also keine eingetragenen Vorbesitzer. Bekannt ist, dass für Autos, die hochgestellten

Personen (ab Ministerebene) persönlich zugewiesen waren, keine Fahrzeugbriefe angelegt wurden. Sie erhielten nur eine Zulassung. Peter Süssemilchs Recherchen nach den Vorbesitzern verliefen im Nichts. Nur einmal, da blitzte ein Lichtstrahl der Erkenntnis auf. Bei einem Oldtimertreffen – das Auto war gerade von einer Menschentraube umlagert – flüsterte ihm ein Unbekannter ins Ohr, sein W 400 sei das private Jagdauto des Verteidigungsministers gewesen.

Ein Traum geht in Erfüllung

Am 12. Oktober 1988, ein knappes Jahr, bevor die Menschen in der DDR die Wende einleiteten, ging in Eisenach ein lang ersehnter Traum in Erfüllung: Die Wartburgs bekamen ab diesem Tag serienmäßig einen Viertakter implantiert. Der Wartburg 1.3 war geboren. Trotz des hohen Preises von 30.200 (Ost-) Mark (Limousine) rissen sich die Menschen anfangs um dieses Auto. Der Kombi rollte ab März 1989 vom Band. Die Wartezeit betrug rechnerisch 15 Jahre. Bei dem Motor handelte es sich um ein Aggregat von VW. Am 14. Juni 1983 hatte das Politbüro entschieden, auf ein entsprechendes Vertragsangebot der Wolfsburger einzugehen. Das sah die Übernahme einer VW-Fertigungsanlage zur Produktion von Viertaktmotoren in der DDR vor. Der Vertrag sah aber auch vor, dass die DDR als Kompensation jedes Jahr 100.000 dort hergestellte Rumpfmotoren zurück nach Wolfsburg lieferte. Das war ein Problem, denn dazu mussten westliche Qualitätsstandards punktgenau erfüllt werden. Auf dieses Qualitätsniveau mussten die ostdeutschen Zulieferer erst einmal gebracht werden. Als die merkten, was auf sie zukam, drohten sie abzuspringen.

Das Geschäft mit VW geriet in Gefahr. Bei der Stange konnten die Zulieferer nur mit der Zusage hoher Investitionen gehalten werden. So griff die DDR schließlich sehr tief in die Tasche und spendierte der Industrie bis zum Produktionsanlauf die Investitionssumme von 7,2 Milliarden (Ost-)Mark. Das war doppelt so viel, wie fünf Jahre zuvor bei der Anschub-Entscheidung vorgesehen gewesen war. Hätten die Gremien geahnt, wie hoch der Betrag ausfallen würde, sie hätten wohl nie zugestimmt. Aber hier war es anders gelaufen. Weil der Motor den Werken in Eisenach und Zwickau zugute kommen sollte, konnten beide Hersteller diesmal an einem Strang ziehen. Bewusst hatten sie in der Vorlage für das ZK die Kosten viel zu niedrig angesetzt. Im selben Jahr, in dem sich das Politbüro auf die VW-Motoren festgelegt hatte, fädelten Schalck-Golodkowski und Franz-Josef Strauß, der damalige bayerische Ministerpräsident, den berühmt-berüchtigten Milliardenkredit ein. Am 25. Juli 1984 segnete die Bundesregierung den Kredit unter der Konsortialführung der Bayerischen Landesbank ab. Noch im Oktober dieses Jahres ging das Politbüro von einem Investitionsbetrag aus, den diese eine Milliarde D-Mark auf der Grundlage des inoffiziellen Wechselkurses knapp gedeckt hätte. War der Milliardenkredit die Voraussetzung für den Vertrag mit Volkswagen? Offiziell ist das nie bestätigt worden ...

Im Wartburg war der Viertaktmotor quer eingebaut. Die Karosserie behielt trotz einiger Veränderungen ihr Aussehen. Die Motorhaube geriet flacher als beim 353, die Kofferraumhaube etwas höher. Ein neues Getriebe mit Knüppelschaltung führte zu einer Spurverbreiterung, die für eine verbesserte Straßenlage sorgte. Anfangs galt das Getriebe als störanfällig und war unbefriedigend abgestuft. Doch nach dem Ausmerzen der Kinderkrankheiten befriedigte das Fahrzeug rundum. Was nicht befriedigte, war die Entwicklung des Käuferverhaltens. Denn

Exportorientiert: Die DDR lieferte ihre Fahrzeuge auch ins westliche Ausland. Der Rechtslenker war ein Serienmodell für Länder mit Linksverkehr.

so begehrt der 1.3 anfänglich war – 1990 gingen die Verkaufszahlen schlagartig zurück. Daran änderte auch eine Preisreduzierung um 30 Prozent Ende 1990 nichts. Ein letzter Versuch, den Wartburg attraktiv zu gestalten, war der „New Line", der mithilfe des baden-württembergischen Tuners Irmscher Automobilbau aufgepeppt wurde. Das Auto sieht gut aus, aber es war das Jahr, in dem das Ende der DDR und westliche Konsumgüter gleichermaßen nah waren. Am 10. April 1991 rollte der letzte Wartburg vom Band. Er fuhr direkt ins Eisenacher Automobilmuseum – dort steht er bis heute. Auf historischem Boden.

Modell	BMW 321	BMW 340-2	BMW 327-1 Cabriolet
Hersteller	Awtowelo	Awtowelo	Awtowelo
Bauzeit	1945–1950	1949–1952	1948–1952
Motor	Sechszylinder in Reihe	Sechszylinder in Reihe	Sechszylinder in Reihe
Hubraum (cm3)	1971	1971	1971
Dauerleistung (PS)	45 bei 3.750 U/min.	55 bei 3.750 U/min.	55 bei 3.750 U/min.
Höchstleistung (PS)	k. A.	57,5 bei 4.200 U/min.	k. A.
Gemischaufbereitung	1 Steigstromvergaser Solex 30 BLVS	2 Fallstromvergaser Solex 32 PBI	2 Fallstromvergaser Solex 32 PBI
Getriebe	Viergang-Getriebe	Viergang-Getriebe	Viergang-Getriebe
Antrieb	Heck	Heck	Heck
Höchstgeschwindigkeit (km/h)	115	120	125
Bremsen	Trommeln	Trommeln	Trommeln
Radstand (mm)	2.750	2.884	2.750
Reifen	5.25-16	5.50-16	5.50-16
L x B x H (mm)	4.470 x 1.570 x 1.500	4.600 x 1.730 x 1.630	4.500 x 1.600 x 1.420
Leergewicht (kg)	1.000	1.280	1.150

Modell	EMW 327-2 Cabriolet	EMW 327-3 Coupé	EMW 340-2
Hersteller	VEB IFA – Automobilfabrik EMW Eisenach	VEB IFA – Automobilfabrik EMW Eisenach	VEB IFA – Automobilf. EMW Eisenach
Bauzeit	1952–1955	1953–1955	1952–1955
Motor	Sechszylinder in Reihe	Sechszylinder in Reihe	Sechszylinder in Reihe
Hubraum (cm3)	1971	1971	1971
Dauerleistung (PS)	57 bei 3.750 U/min.	57 bei 3.750 U/min.	55 bei 3.750 U/min.
Höchstleistung (PS)	k.A.	k.A.	57,5 bei 4.200 U/min.
Gemischaufbereitung	2 Fallstromvergaser BVF F323-1	2 Fallstromvergaser BVF F323-1	2 Berl. Fallstromvergaser BVF F 323-1
Getriebe	Viergang-Getriebe	Viergang-Getriebe	vollsynchronisiertes Viergang-Getriebe mit Lenkradschaltung
Antrieb	Heck	Heck	Heck
Höchstgeschwindigkeit (km/h)	125	125	120
Bremsen	Trommeln	Trommeln	Trommeln
Radstand (mm)	2.750	2.750	2.884
Reifen	5.50-16	5.50-16	5.50-16
L x B x H (mm)	4.500 x 1.600 x 1.420	4.500 x 1.600 x 1.420	4.600 x 1.765 x 1.630
Leergewicht (kg)	1.150	1.150	1.280
Gesamtgewicht (kg)	k.A.	k.A.	1.700 kg
Besonderheiten des EMW 340-2 von Siegfried Lesse gegenüber dem Serienmodell: Schiebedach			

Modell	IFA F9 Limousine	Wartburg 311-1 Limousine	Wartburg 311-2 Kabriolett
Hersteller	VEB IFA – Automobilfabrik EMW Eisenach	VEB Automobilwerk Eisenach	VEB Automobilwerk Eisenach
Bauzeit	1953–1956	1956–1961	1957–1960
Motor	Dreizylinder in Reihe (Zweitakter)	Dreizylinder in Reihe (Zweitakter)	Dreizylinder in Reihe (Zweitakter)
Hubraum (cm3)	900	900	900
Leistung (PS)	32 bei 3.800 U/min.	37 bei 4.000 U/min.; ab 1961: 40 PS bei 4.000 U/min.	37 bei 4.000 U/min.
Gemischaufbereitung	1 Flachstromvergaser BVF H 32/0	1 Flachstromvergaser BVF H 362	1 Flachstromvergaser BVF H 362
Getriebe	Viergang-Getriebe	Viergang-Getriebe mit Lenkradschaltung	Viergang-Getriebe mit Lenkradschal.
Antrieb	Front	Front	Front
Höchstgeschwindigkeit (km/h)	110	115	115
Bremsen	Trommeln	–	–
Radstand (mm)	2.350	2.450	2.450
Reifen	5.00-16	5.90 - 15	5.90 - 15
L x B x H (mm)	4.200 x 1.600 x 1.500	4.300 x 1.570 x 1.450	4.300 x 1.570 x 1.450
Leergewicht (kg)	920	960	1.010
Besonderheiten Wartburg 311-2 Kabriolett: Cabrio von Kurt Mießner gegenüber dem Serienmodell: IFA F9992 cm3-Motor mit 45 PS und 120 km/h Höchstge-schw., Zündspulen im Lüftungsschacht, Rückfahrleucht. der Wartburg Limousine de Luxe, vollsynchronisiertes Viergang-Getriebe, Verdeckbefestigung analog			

Modell	Wartburg 353 Kombi „Tourist"	Wartburg 353-1 L imousine	Wartburg 353-1 Kombi „Tourist"
Hersteller	VEB Automobilwerk Eisenach	VEB Automobilwerk Eisenach	VEB Automobilwerk Eisenach
Bauzeit	1967–1969	1969–1974	1969–1974
Motor	Dreizylinder in Reihe (Zweitakter)	Dreizylinder in Reihe (Zweitakter)	Dreizylinder in Reihe (Zweitakter)
Hubraum (cm3)	992	992	992
Leistung (PS)	45 bei 4.250 U/min.	50 bei 4.250 U/min.	50 bei 4.250 U/min.
Gemischaufbereitung	1 Fallstromvergaser BVF 36-F1-11	1 Fallstromregistervergaser BVF 40-F1-11	1 Fallstromregistervergaser BVF 40-F1-11
Getriebe	Viergang-Getriebe	Viergang-Getriebe	Viergang-Getriebe
Antrieb	Front	Front	Front
Höchstgeschwindigkeit (km/h)	125	130	130
Bremsen	Trommeln	Trommeln	Trommeln
Radstand (mm)	2.450	2.450	2.450
Reifen	6.00 - 13	6.00 - 13, 165 SR 13	6.00 - 13, 165 SR 13
L x B x H (mm)	4.380 x 1.642 x 1.495	4.220 x 1.642 x 1.495	4.380 x 1.642 x 1.495
Leergewicht (kg)	970	910	970

Modell	Wartburg 311-300 Hardtop-Coupé	Wartburg 312-300 Hardtop-Coupé	Wartburg 353 Limousine
Hersteller	VEB Automobilwerk Eisenach	VEB Automobilwerk Eisenach	VEB Automobilwerk Eisenach
Bauzeit	1965	1965–1967	1966 – 1969
Motor	Dreizylinder in Reihe (Zweitakter)	Dreizylinder in Reihe (Zweitakter)	Dreizylinder in Reihe (Zweitakter)
Hubraum (cm3)	992	992	992
Leistung (PS)	45 bei 4.250 U/min.	45 bei 4.250 U/min.	45 bei 4.250 U/min.
Gemischaufbereitung	1 Flachstromvergaser BVF 36-F1	1 Flachstromvergaser BVF 36-F1	1 Fallstromvergaser BVF 36-F1-11
Getriebe	Viergang-Getriebe	Viergang-Getriebe	Viergang-Getriebe
Antrieb	Front	Front	Front
Höchstgeschwindigkeit (km/h)	125	125	125
Bremsen	Trommeln	Trommeln	Trommeln
Radstand (mm)	2.450	2.450	2.450
Reifen	5.90 - 15	6.00 - 13	6.00 - 13
L x B x H (mm)	4.370 x 1.570 x 1.440	4.370 x 1.570 x 1.440	4.220 x 1.642 x 1.495
Leergewicht (kg)	905	910	910

Modell	Wartburg 311-3 (Reise-) Coupé	Wartburg 311-3/1000 (Reise-)Coupé	Wartburg 311-5 Camping
Hersteller	VEB Automobilwerk Eisenach	VEB Automobilwerk Eisenach	VEB Automobilwerk Eisenach
Bauzeit	1957–1961	1962–1965	1957–1961
Motor	Dreizylinder in Reihe (Zweitakter)	Dreizylinder in Reihe (Zweitakter)	Dreizylinder in Reihe (Zweitakter)
Hubraum (cm3)	900	992	900
Leistung (PS)	37 bei 4.000 U/min. ab 1961: 40 PS bei 4.000 U/min.	45 bei 4250 U/min.	37 bei 4.000 U/min. ab 1961: 40 PS bei 4.000 U/min.
Gemischaufbereitung	1 Flachstromvergaser BVF H 362	1 Flachstromvergaser BVF H 362	1 Flachstromvergaser BVF H 362
Getriebe	Viergang-Getriebe	Viergang-Getriebe	Viergang-Getriebe mit Lenkradschaltung
Antrieb	Front	Front	Front
Höchstgeschwindigkeit (km/h)	115	122	115
Bremsen	Trommeln	Trommeln	Trommeln
Radstand (mm)	2.450	2.450	2.450
Reifen	5.90 - 15	6.40-15	5.90 - 15
L x B x H (mm)	4.210 x 1.570 x 1.450	4.210 x 1.570 x 1.450	4.210 x 1.570 x 1.450
Leergewicht (kg)	1.010	970	1040

Modell	Wartburg 353 W Limousine	Wartburg 1.3 Limousine	Wartburg 1.3 Kombi „Tourist"
Hersteller	VEB Automobilwerk Eisenach	VEB Automobilwerk Eisenach	VEB Automobilwerk Eisenach
Bauzeit	1975–1989	1988–1991	1989–1991
Motor	Dreizylinder in Reihe (Zweitakter)	Vierzylinder in Reihe	Vierzylinder in Reihe
Hubraum (cm3)	992	1272	1272
Leistung (PS)	50 bei 4.250 U/min.	58 bei 4.400 U/min.	58 bei 4.400 U/min.
Gemischaufbereitung	1 Fallstromregistervergaser BVF 40-F1-11 ab 1982: 1 Fallstromregistervergaser Jikov 32 SEDR	1 Fallstromregistervergaser BVF 34 F oder Weber 34 1-2	1 Fallstromregistervergaser BVF 34 F oder Weber 34 1-2
Getriebe	Viergang-Getriebe	Viergang-Getriebe	Viergang-Getriebe
Antrieb	Front	Front	Front
Höchstgeschwindigkeit (km/h)	130	140	135
Bremsen	Scheiben/Trommeln	Scheiben/Trommeln	Scheiben/Trommeln
Radstand (mm)	2.450	2.450	2.450
Reifen	6.00 - 13, 165 SR 13	165/80 SR 13, 175/70 SR 13	165/80 SR 13, 175/70 SR 13
L x B x H (mm)	4.220 x 1.642 x 1.495	4.216 x 1.642 x 1.495	4.276 x 1.642 x 1.495
Leergewicht (kg)	910	900	900

AUTOS AUS ZWICKAU

Beinahe wäre der Trabant ein Audi geworden. Oder zumindest seine Vorgänger. Eine Datumstrickserei und eine schnelle Namensänderung verhinderten, dass der ostdeutsche „Volkswagen" in einem Automobilwerk mit dem Namen des Klassenfeindes anlief. Der Name wäre – logischerweise – auch in den Fahrzeugpapieren verewigt worden. Das interessanteste Modell in der Ahnengalerie des Trabants ist der P70 mit Holzkarosserie.

Sachsenring
Wernigerode
WR U 106

Automobilbau in Zwickau

Das verkannte Genie

Kompakt, wendig, günstig. Die Eigenschaften lesen sich wie ein Werbeslogan für die später in Mode gekommene Kleinwagenklasse. Die Karosserie des Trabants war aus Kunststoff, und seine Abmessungen waren so kurz, dass die Autos zur Not auch quer in eine Parklücke passten. Platz für zusätzliche Fahrgäste auf der Rückbank und einen geräumigen Kofferraum im Heck gab es obendrein. Eigentlich hätte der Trabi das Zeug zum Cityflitzer und Zweitwagen gehabt. Eigentlich.

Es gab kaum ein Schmähwort, mit dem der Trabi nicht bedacht wurde, kaum einen Witz, der nicht für den Trabi passend gemacht worden wäre. Woher kam dieser Hohn? Sollten etwa weitsichtige Verkaufsstrategen in den Automobilnationen die Trends der Zukunft vorhergesehen und geahnt haben, dass da irgendwo im Osten ein Kleinwagen vom Band lief, der das Zeug gehabt hätte, das Automobil der Zukunft zu werden? Musste in dieser Voraussicht vorsorglich eine Minus-Kampagne in die Wege geleitet werden? Damit der Trabant keine Chancen

Der F8 war ein von der Auto Union AG hergestelltes Fahrzeug, dessen Produktion 1942 kriegsbedingt eingestellt werden musste. 1949 wurde die Produktion im Zwickauer Audi-Werk wieder aufgenommen. Als Karosserie kamen verschiedene Bauarten zum Einsatz: vom Holzgerippe mit einer Stahlblech- und Duroplastbeplankung über eine Sperrholzkarosserie bis zur Ganzstahlkarosserie bei einigen Exportmodellen.

Der F8 ist ein Vorkriegsmodell, das von den Audi-Werken in Zwickau neu aufgelegt wurde. Das hier abgebildete Modell wurde von Rolf Mickler aus Osterwieck in den 1980ern aus einem Vorkriegs-F5 restauriert.

haben würde, sollten irgendwann mal solche Kleinwagen gefragt sein? Natürlich ist das eine Klamotte, die prächtig ins Reich der Verschwörungstheorien passt. Dummerweise kann man diesen Gedanken eine gewisse Plausibilität nicht absprechen.

Was zu spät kommt …

Falls an der Theorie etwas dran sein sollte, mag im Westen so manchen Autoherstellern beim Einschlafen der Schweiß auf der Stirn gestanden haben bei der Vorstellung, die ostdeutschen Automobilbauer könnten dem Trabi einen umweltfreundlichen Viertakter und eine ansprechende Lackierung spendieren. Denn das war es, was dem Trabi fehlte: ein zeitgemäßer Vierzylinder-Viertaktmotor. Dass ein Trabant mit einem Viertaktmotor, einer eleganten Lackierung und schon wenigen Accessoires ein attraktives Auto sein kann, das werden wir noch zeigen. Als es den Trabant ab Werk endlich mit diesen Features gab, da fegte der Wind der politischen Wende durchs Land und auch die Vernunft beim Autokauf hinfort. Ab diesem Zeitpunkt verdeckte ein menschliches Naturgesetz – „Begehrt wird das, was es am wenigsten gibt!" – das Potenzial dieses Automobils. Unvoreingenommen konnte man dem Trabant nicht mehr gegenübertreten. Die Veralberungen und Witze hatten das Feld bereitet. Als die Vernunft zurückkehrte, da war den Zwickauern die Luft ausgegangen, der Markt planiert für Cityflitzer und Zweitwagen aus westlicher Produktion.

Ist der Trabant ein Audi oder ein Horch?

Das technologische Potenzial für eine maßvolle Weiterentwicklung des Trabant wäre in Zwickau vorhanden gewesen. Handelte es sich doch bei den Zwickauer Automobilbauern um den Zusammenschluss alteingesessener Fahrzeughersteller. Historisch gesehen kann der Trabant sogar als Nachfahre der legendären Horchs gesehen werden. Oder seine Abstammung in direkter Linie von Audi und Horch ableiten. Weit hergeholt? Machen wir einen Besuch im eleganten August-Horch-Museum in Zwickau. Dort sind die Stammbäume dokumentiert. In Wort, Schrift und durch das Aneinanderreihen der Automobilexponate. Audi steht zu seiner Geschichte. Der Ingolstädter Konzern ist einer der Träger des Museums.

Der restaurierte F8 von Rolf Mickler aus Osterwieck ist mit modernem, die Sicherheit verbesserndem Zubehör wie einer Fanfare und Zusatzscheinwerfern ausgerüstet.

Produktionslinien im Licht der Geschichte

Der Besuch des August-Horch-Museums ist nicht ohne Pikanterie. Zumindest für diejenigen Kenner der Automobilszene, die immer noch glauben, die Wiege des deutschen Automobilbaus habe ausschließlich im Westen gelegen. Zwickau war bereits Anfang des 20. Jahrhunderts der Standort der Horch- und Audi-Werke. Der Urheber beider Firmen war der legendäre Autobauer August Horch. 1904 hatte er mit Partnern die A. Horch Motorenwerke Aktiengesellschaft gegründet. Schon in den ersten Jahren gab es Spannungen zwischen ihm als Vorstandsvorsitzendem und der kaufmännischen Leitung des Unternehmens. Im Intrigenspiel war er von vornherein im Nachteil. Denn obwohl das Unternehmen mit einem Stammkapital von 110.000 Reichsmark ausgestattet war, belief sich sein Anteil nur auf 2.000. Am 21. Juni 1909 wurde August Horch aus dem Werk, das seinen Namen trug, entlassen. Mit ihm zusammen ging auch eine Reihe qualifizierter Mitarbeiter.

Der serienmäßige Motor des F8 leistete 20 PS und war durch eine von der Seite hochklappbare Haube zugänglich.

Geniale Übersetzung

Nur 500 Meter Luftlinie entfernt gründete er eine zweite Firma, die ebenfalls seinen Namen trug. Das August-Horch-Museum befindet sich auf diesem ehemaligen Werksgelände. Einen langen Gerichtsprozess über die (zweite) Werksbezeichnung mit dem Namensbestandteil „Horch" verlor August Horch. Aber für die Automobilgeschichte war das ein ungeheurer Gewinn, kam es so doch zur Übersetzung des Namens Horch in den lateinischen Imperativ („Horch!"). Der lautet „audi" (von audire/horchen). Ab 25. April 1910 hieß dieser Betrieb AUDI Automobilwerk mbH. Der weltweit bekannte Qualitätsname war geboren! In jenem Zwickauer Werk wurde eines der erfolgreichsten Audi-Modelle der damaligen Zeit gebaut, der Typ C Alpensieger. Die zivile Ausführung mit 35 PS – im Gegensatz zur Sportvariante mit 42 PS – ist im August-Horch-Museum ausgestellt.

1932 entstand in Sachsen die Auto Union AG, eine Zusammenfassung der vier Fahrzeugwerke Audi, Horch, DKW und Wanderer zu einem Konzern. Jeder der vier ineinander verschlungenen Ringe – heute das weltweit bekannte Audi-Symbol – symbolisiert eine der vier Marken. Die vier Hersteller blieben mit eigenen Plattformen selbstständig. Gestärkt war die Wirtschaftskraft des Konzerns, seine Kreditfähigkeit und – das war das auslösende Moment gewesen – die Flexibilität beim Investieren. August Horch wurde 1933 in den Aufsichtsrat der Auto Union AG berufen. Später wurde er sogar stellvertretender Aufsichtsratsvorsitzender.

Eine neue Zeit

Das Ende eines Konzerns – in Ostdeutschland

Mit dem Ende des Krieges kam auch das Ende der Konzernstruktur. Die Auto Union AG durfte nur noch ihre eigene Liquidation betreiben. Am 17. August 1948 wurde der Eintrag im Handelsregister gelöscht. Die Montagewerke blieben aber bestehen. In Zwickau die von Audi und Horch. Nach dem Einrücken der Roten Armee hatte August Horch, zusammen mit seiner kranken Ehefrau und der jüdischen Sängerin Else Kolmar, die das Ehepaar 1933 als Haushälterin eingestellt hatte, die Gegend verlassen und war nach Oberfranken gegangen. Am 3. Februar 1951 starb der Automobilpionier in Münchberg. Zu dieser Zeit hatten die Automobilwerke Audi und Horch in Zwickau ihre Produktion schon wieder aufgenommen – unter ihrem alten Namen.

Die runden Formen der Klassiker wirken zeitlos elegant. Auf Oldtimertreffen kommen sie besonders zur Geltung. Die Autos werden vorher auf Hochglanz poliert.

Als in Ingolstadt das neue Audi-Werk gegründet wurde, hatte im VEB Audi Kraftfahrzeugwerk Zwickau die Entwicklung eines Fahrzeugs begonnen, dessen direkter Nachfolger der Trabant sein sollte. Das ahnte damals aber niemand, weder im Osten, noch im Westen. Als nach dem Krieg die Produktion anlief, dachte niemand ernsthaft an einen ostdeutschen Volkswagen. In Zwickau befasste man sich mit der Werkstoffentwicklung und den Vorläufern des Trabant.

Das Überleben beginnt

Die Zwickauer Werke starteten weitaus schlechter in die Nachkriegsära als jene in Eisenach. Einen Großteil der Montageanlagen – soweit sie nicht durch den Krieg zerstört waren – ließ die Sowjetunion demontieren und als Reparationsleistung abtransportieren. Schrottmaschinen wurden notdürftig betriebsbereit gemacht für die Ersatzproduktion von Gegenständen des täglichen Bedarfs. Dann erhielten Horch und Audi erste Aufträge zur Ersatzteilherstellung und für Reparaturen. Audi bekam die Erlaubnis, einige F8 zu montieren und sich daran zu beteiligen, den F9 zur Serienreife zu bringen. Als diese Autotypen auf der Leipziger Frühjahrsmesse das Interesse auf sich zogen, war das ein erster Anschub, mit dem die Fahrzeugherstellung wieder ingang gebracht werden konnte.

Demontagen, Reparationen und Verstaatlichungen

Nachdem die Sowjetunion Ostdeutschland besetzt hatte, begann sie sofort, ostdeutsche Industriegüter zu demontieren, einzusammeln, zu verpacken und ins eigene Land abzutransportieren. Reparationen waren Geld- oder Sachleistungen, die zum Ausgleich der Kriegsschäden zu erbringen waren. Einem ähnlichen Vorgehen beziehungsweise Verfahren durch die westlichen Siegermächte unterlag anfangs auch Westdeutschland, allerdings in einem wesentlich weniger einschneidenden Umfang. Die Maßnahmen hatten die Alliierten im Potsdamer Abkommen legalisiert. In der Ostzone waren die Industriebetriebe in drei Kategorien eingeteilt worden. Auf der Liste A standen Rüstungsbetriebe. Sie wurden enteignet. Auf der Liste B standen die Firmen, die zunächst beschlagnahmt worden waren, bei denen sich aber die Verdachtsgründe als haltlos erwiesen hatten. Sie wurden ihren Besitzern zurückgegeben. Entscheidungen über die Betriebe der Kate-gorien A und B trafen ostdeutsche Kommissionen unter sowjetischer Aufsicht. Die Liste C umfasste Betriebe, die sich besonderer Kriegsverbrechen schuldig gemacht hatten. Sie blieben unter sowjetischer Kontrolle und sollten demontiert werden. In Sachsen waren beispielsweise insgesamt 4.738 Betriebe beschlagnahmt worden. 1.883 fielen in die Kategorie A, 2.220 in die Kategorie B und 635 in die Kategorie C. Zu Ihnen zählten das BMW-Werk in Eisenach, das Horch- und das Audi-Werk in Zwickau sowie die Auto Union in Chemnitz. Bei Horch wurden zum Beispiel 3.800 Werkzeugmaschinen demontiert. Das waren 92 Prozent des ehemaligen Bestands. Von diesem Ader-lass hat sich die DDR nie erholt. Fehlentscheidungen ostdeutscher Lenkungsgremien halfen, den Vorsprung des Westens zu vergrößern. Dabei lagen Ost- und Westdeutschland zu Beginn des Neuanfangs technologisch auf demselben Niveau. Die Enteignungen unmittel-bar nach dem Krieg hatten mit späteren ideologisch motivierten Verstaatlichungen der späteren Jahre nichts zu tun. Dann ereilte auch die meisten der B-Betriebe ihr Enteignungsschicksal.

IFA F8 und F9

Der DKW F8 war ein bereits bewährtes Vorkriegsmodell. Der F9 eine Vorkriegsentwicklung, die es nicht mehr zur Serie geschafft hatte. Diese F-Serie lief 1949 in Zwickau wieder an. Anfangs wurde er noch als DKW IFA F8 bezeichnet, erst in der Folge als IFA F8. Mitunter wird umgangsprachlich auch das „IFA" weggelassen. Allerdings wird in Oldtimerkreisen auf die genaue Bezeichnung Wert gelegt, kennzeichnet sie doch die Herkunft des Autos.

Im Gegensatz zum Vorkriegsmodell hatte der F8 jetzt 100 cm^3 mehr. Der quer hinter der Vorderachse angeordnete Zweizylinder-Zweitaktmotor leistete 20 PS. Davor saß ein unsynchronisiertes Getriebe mit Freilauf. Die Karosserie bestand aus Sperrholz. Gefertigt wurde das Holzkleid im VEB Karosserie-Werk Dresden (ehemals Gläser). Der Aufbau war mit einem stabilen Kastenprofilrahmen verschraubt. Einige Exportmodelle hatten Karosserien aus Blech. Gefertigt wurden eine Limousine, ein Kombi und unterschiedliche Cabrio-Versionen. Die Karosserie des Kombis bestand bis zur B-Säule aus Sperrholz, dahinter aus Holz.

Der hier abgebildete und im August-Horch-Museum ausgestellte P50 hat Seltenheitswert. Es ist das Funktionsmuster beziehungsweise der Prototyp dieser Baureihe aus dem Jahr 1954. Allerdings wurde zunächst der P70 als Übergangstyp gebaut, bevor die P50-Serie neu auflebte.

Besonderheiten wies die Cabrio-Version auf. Bei der sogenannten Cabrio-Limousine bildete den Himmel eine Plane, die sich wie ein verlängertes Faltverdeck einer Limousine abspannen ließ. Das eigentliche Cabrio war nur für den Export vorgesehen. Einige Modelle verblieben aber in Ostdeutschland. Durch ein Interzonen-Handelsabkommen kamen 1.000 ostdeutsche F8 nach Westdeutschland. Ein Teil davon als Limousinen. Die waren für 4.900 (West-)Mark zu haben. Das andere Lieferkontingent bestand aus Fahrgestellen, die von Baur in Stuttgart mit einem Cabrio-Aufbau und einer Heckklappe veredelt wurden. Das war eine deutliche Verbesserung gegenüber dem Serien-Cabrio. Denn die mussten allesamt von innen beladen werden. 6.490 (West-)Mark kostete dieses Sondermodell, das im Westen die keimende Automobilindustrie aufbrachte. Die empfand diese wertigen, aber doch preiswerten Importe als gefährliche Konkurrenz. Händler wurden unter Druck gesetzt, ihre Geschäftsbeziehungen mit dem Osten zu beenden.

Wo sind die Pläne des F9?

Indes erlebten die Audi-Werke in Zwickau eine böse Überraschung, als sie den F9 neu auflegen wollten: Die Konstruktionszeichnungen waren verschwunden! Der Konzernvorstand der Auto Union hatte zuletzt am 7. Mai 1945

Der P70 als Limousine. Als das Modell entwickelt wurde, waren Kurbelfenster Mangelware. Das Fahrzeug erhielt deshalb Schiebefenster.

getagt, dabei noch einen neuen Vorstand eingesetzt und danach sich selbst in den Westen abgesetzt. Man vermutet: mit den verfilmten Konstruktionsplänen im Gepäck. Was nicht unwahrscheinlich ist, denn im Westen begann alsbald die Produktion eines F8/9-ähnlichen Pkw. Die Originalzeichnungen, in Kisten verpackt, hatten der Sowjetunion übergeben werden müssen. Bekannt ist auch, dass Kapitän Turbin, Leiter des Automobiltechnischen Büros in Chemnitz und als integrer Wirtschaftsoffizier geachtet, den Befehl erteilt hatte, ihm sämtliche Lichtpausen der F9-Pläne zu übergeben.

Seitdem verlieren sich sämtliche Spuren dieser Pläne. Allerdings erinnerten sich die Werksmitarbeiter daran, dass eine Berliner Fertigungsstätte noch Kopien haben könnte. Doch die erwiesen sich als unvollständig, fehlerhaft und qualitativ minderwertig. Kurzum: Sie waren nicht zu gebrauchen. Deshalb mussten die Pläne neu angefertigt werden. Als Eisenach wegen der F9-Fertigung verklagt wurde, hätten bei einer Gerichtsverhandlung, zu der es letztlich nicht kam, an genau diesem Punkt die Anwälte der ostdeutschen Sache ansetzen können.

Produktionsumstellung bei Horch

Horch produzierte zunächst keine Personenkraftwagen, sondern Nutzfahrzeuge: den Kurzhauben-Lkw Horch H3 und den Traktor Pionier. Parallel dazu entwickelte das Werk den Luxus-Pkw Horch 920 S, allerdings nur einen Prototypen. Trotz neuer Techniken hätte sich eine Serie nicht gerechnet. Aus Restbeständen baute das Werk noch vier Autos des legendären Typs 930 S zusammen, die den Behörden und der Roten Armee übergeben wurden. Außerdem lieferte Horch von 1949 bis 1953 die Karosserien für den

F9 an das Zwickauer Audi-Werk. Die letzte Zwickauer F9-Fahrgestellnummer – vor der Abgabe des Typs an Eisenach – lautete 1800.

Pressstoffentwicklung bei Audi

Im Audi-Werk nebenan schlug sich die Belegschaft mit einem anderen Problem herum: der Pressstoffentwicklung. Diese Beschäftigung hatte der chronische Mangel an Tiefziehblechen erzwungen. Das Blech kam überwiegend aus dem Westen und fiel unter die Embargobestimmungen des Kalten Kriegs. Ersatzweise versuchten die Zwickauer, Bleche in neutralen Ländern zu bestellen. Doch so einfach klappte das auch nicht. Einmal traf ein Eisenbahnwaggon mit ordnungsgemäß georderten Blechen nicht ein, und niemand konnte Auskunft über seinen Verbleib geben. So schickte Zwickau einen Mitarbeiter los, um nach dem Waggon zu fahnden. Er fand den Güterwagen aus Österreich letztlich in Dänemark und begleitete ihn persönlich nach Zwickau. Künftige Autos sollten mit einer neuartigen Kunststoffkarosserie ausgerüstet werden, die jedoch erst entwickelt werden musste.

Die Werksleitung trieben noch andere Sorgen um: die Fertigung war nicht ausge-

Die Karosserie des P70 Coupé wurde in Dresden gefertigt und in Zwickau auf das Fahrgestell gesetzt, die Technik ist identisch. Insofern bleiben die Fahrleistungen hinter dem schnittigen Aussehen zurück. Da die Unterlagen bei einem Feuer vernichtet wurden, kann die Produktionszahl allenfalls geschätzt werden. Die Linienführung des P70-Coupé könnte beim Entwickeln der TT-Karosserie Pate gestanden haben …

Das ab der B-Säule abgesenkte Heck ist deutlich zu erkennen. Ursache sind der Transport schwerer Lasten und die Elastizität der Holzkarosserie.

lastet! Etwas anderes gab die Produktionslage zwar auch nicht her, aber ein Land, in dem hinten und vorne so viel fehlte, konnte sich unausgelastete Kapazitäten nicht leisten. Wie lange würde das geduldet werden? Und dann waren da ja auch noch die Automobilisten aus Eisenach, die durch Eigenwilligkeiten und gute Beziehungen von sich reden machten. Wenn die Obrigkeit zu Besuch kam, brauchte man ja nur aus dem Fenster zu schauen. Auf dem Parkplatz standen die Autos, die in Eisenach produziert und gelegentlich auch an deutsche Leitungsebenen geliefert wurden. Von Sechszylindern konnte Audi nur träumen. Nebenan bei Horch sah es zwar anders aus, aber das war wenig tröstlich. Auch wenn einige Arbeitsprozesse arbeitsteilig durchgeführt wurden, so waren die beide Werke doch getrennte Betriebe.

Eine Chance für die Zukunft

Der P50-Beschluss

Unerwartet landete plötzlich ein Kleinwagenprojekt auf den Schreibtischen der Werksleitung. Die Entwicklung des P50 hatte ihnen der Beschluss Nr. 36/53 des Präsidiums des Ministerrats beschert: „Die Produktion von Pkws unserer volkseigenen Industrie entspricht weder nach Menge noch nach Typen dem Bedarf der Bevölkerung und des Exports ... Für den Kleinwagen Typ 50 ist die Verwendung von Kunststoff für die Karosserie vorzusehen."

Das Armaturenbrett ist mit Liebe zum Detail – bis hin zum Radio – restauriert.

Das politische Autoprojekt

1953 war das Jahr des Aufstands in der DDR gewesen. Die Menschen hatten sich gegen fortwährend höher geschraubte Arbeitsnormen ohne Ausgleich in der Lohntüte und beim Wohlstandsniveau gewehrt. Moskau hatte schon vorher gewarnt, es etwas lockerer angehen zu lassen. Die Betonköpfe in Ostberlin wollten nicht hören. Jetzt schienen sie Versäumtes nachholen zu wollen. Noch immer war es vergleichsweise einfach, über Berlin in den Westen zu gehen. Genau das taten die Menschen. Mit dem P50 wollte die Regierung zeigen, dass Wohlstand und eine gewisse Motorisierung der Bevölkerung auch in Ostdeutschland möglich war. Das macht aber verständlich, warum das P50-Projekt unter einem hohen politischen Druck stehen sollte und mit einer hohen Erwartungshaltung Berlins verbunden war.

Aber politischer Wille allein lässt noch keine vernünftigen Autos entstehen. Für die Zwickauer verursachte das Projekt deshalb neue Probleme. Als die Fachleute das Pflichtenheft lasen, war ihnen klar, dass ein derartiges Auto, wenn schon keine Fehlkonstruktion, so doch zumindest kein Renner sein würde. Der Innenraum würde zu klein ausfallen. Auch der Preis, den die Oberen in ihrer sozialistischen Souveränität festgeschrieben hatten, war unangemessen niedrig. Wirklich zeitgemäß und zukunftsweisend an dem Auftrag war allein die Forderung nach einer Kunststoffkarosserie.

Der Kofferraum des F8 befindet sich hinter der Rücksitzlehne und muss von innen beladen werden.

Zwei Autos statt eines

Dass es so nicht gehen konnte, war dann auch klar, als das erste Versuchsmodell, der sogenannte Ur-P50, fertig war. Ein Schnitt für einen Neuanfang musste gemacht werden. Dabei zeigten die Zwickauer, dass auch sie zu Geheimhaltung und Husarenstücken imstande waren. In wessen Kopf die Idee dazu entstanden ist, lässt sich nicht mehr feststellen, der Erfolg hat bekanntlich viele Väter. Es ging darum, ein eigenes Auto zu entwickeln. Dessen Features entsprachen aber nicht dem Auftrag aus Berlin. Und weil man als volkseigener, weisungsgebundener Betrieb den P50 nicht ablehnen konnte, machte man sich daran, beide Autos zu entwickeln. Dabei ließen sich sogar Pläne und Werkzeuge des P50 für die Geheim- entwicklung nutzen. Mit Verve ging es an die eigene Idee, der offizielle Auftrag wurde hinhaltend bearbeitet. Vielleicht, so mag man sich gedacht haben, wird der P50 ja wieder kassiert werden, wenn man mit dem eigenen Projekt Erfolg haben würde. Es sollte anders kommen. Beide Modelle wurden Serienfahrzeuge. Wenn auch etwas zeitversetzt.

Auch wenn der P70 von den Zwickauer Audi-Werkern als Geheimarbeit betrieben worden war – irgendwann hatte Berlin von den Entwicklungsarbeiten etwas mitbekommen. Der Minister hielt sich in seiner Anfrage dann auch gar nicht erst damit auf, ob es stimme, dass ... Er kam gleich zur

Auf dem Armaturenbrett befindet sich rechts vom Lenkrad die Stockschaltung für das Dreigang-Getriebe.

Sache: Was da in Zwickau für Fahrzeuge gebaut würden? Die Zwickauer ließen das Schreiben unbeantwortet und machten weiter, nur etwas diskreter. Ende August 1954 präsentierte Werksdirektor Probsthahn das P70-Projekt der ministeriellen Obrigkeit. Ein Schriftsatz, der ein Meisterstück der Diplomatie ist. Denn das Schreiben ist nicht nur eine Projektpräsentation, es bestätigt zugleich die laufenden Produktionszahlen des F8, stellt eine Nullserie des F8 K (so hieß der P70 damals noch) in Aussicht und versprach für das Jahr 1956 die Fertigung des P50. Die Produktionszahlen waren nachprüfbar, die Nullserie realistisch, die Aussicht auf die P50-Fertigung somit glaubhaft. Was tatsächlich in zwei Jahren sein würde, war Zukunftsmusik. Wahrscheinlich würde bis dahin sowieso niemand mehr auf dieses Schreiben zurückkommen. Was sich dann auch bestätigte.

Der Trick mit der Projektpräsentation

Die Nullserie konnte der Werksdirektor überzeugend in Aussicht stellen, denn den Brief schickte er genau einen Tag, nachdem der erste P70 mit der Fahrgestellnummer P70 001 fertiggestellt worden war, ab. Der stellvertretende Minister regte sich zwar über Eigenmächtigkeiten des Audi-Werks auf, aber dabei blieb es zunächst. Anfang

Einfach, gepflegt, nostalgisch. Das Armaturenbrett des P70 K ist detailgenau restauriert.

September konferierte er fünf Stunden lang mit Vertretern des Audi-Werks. Danach passierte einen Monat lang: nichts. Dann erst ging der stellvertretende Minister zu seinem Chef, dem Minister Heinrich Rau. Der ließ das Thema im Wissenschaftlichen Beirat der IFA erörtern. Mit deutlicher Mehrheit sagte das Gremium „Nein" zum P70. Doch der Minister schloss sich dem nicht an. Er fällte einen Doppelbeschluss: Der P70 sei zur Serienreife zu bringen, der P50 konsequent weiterzuentwickeln. Die wissenschaftlichen Beiräte hatten ihre Ablehnung übrigens mit Bedenken gegen die Verwendung von Kunststoff begründet. Dass sie sich damit auch gegen den ministeriell verfügten hohen Plasteanteil beim P50 aussprachen, scheinen die Nein-Sager irgendwie nicht bemerkt zu haben. Jedenfalls hatte der P70 nun den offiziellen Segen vom Minister.

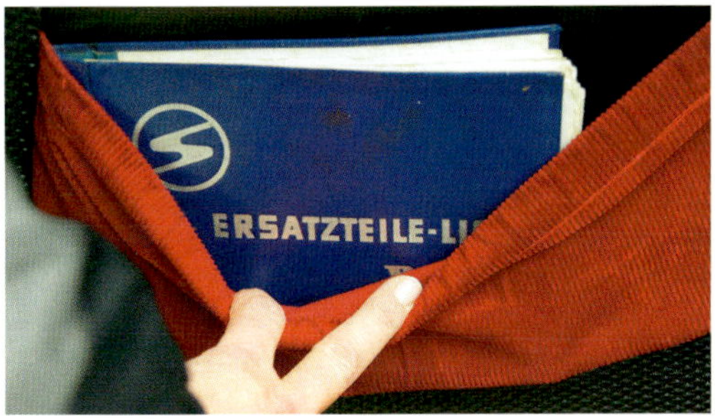

Stilgerecht führen Oldtimerfreunde Fachliteratur mit.

Der P70

Das eigene, unter Geheimhaltung entwickelte Projekt war der P70, der sogenannte „Zwischentyp". Er entwickelte sich in der Serienfertigung zu einem erfolgreichen

Die typische Anordnung im Motorraum bestand von vorne nach hinten dem Motor, dem Kühler (hinter dem Motor) und dem Tank für das Zweitaktgemisch hinter dem Kotflügel.

Modell. Der P70 wurde in drei Versionen ausgeliefert: als Limousine, Kombi und Coupé. Während der Produktion gewannen die Kombis zunehmend an Bedeutung. Sie erzielten auch die höchsten Exportzahlen. Was an der flexiblen Ladefläche lag. Die ließ sich durch umklappbare Rücksitze variieren. Dadurch war er gleichermaßen als Firmen- und als Familienauto zu gebrauchen. Am Ende lief fast nur noch der Kombi vom Band. Konstruktiv besteht zwischen Limousine und Kombi weitgehende Identität. Lediglich der Aufbau hinter der B-Säule weicht von der Limousine ab.

Merkwürdigkeiten beim Serienanlauf

Unmittelbar vor dem Beginn der Serienfertigung kamen die Entwicklungsarbeiten am P50 trotz „Doppelbeschluss" fast vollständig zum Erliegen. Den P70 unterzog man Stabilitätstests, die im Vergleich zu heutigen Methoden vorsintflutlich anmuten. Man warf die Autos einfach Abhänge hinunter, wobei sie sich mehrfach überschlugen. Dennoch waren die Tests wirkungsvoll und vielleicht sogar praxisnäher, als sie es heute sind. Im August 1955 begann der Serienanlauf, der allerdings erst offiziell am 11. Januar 1956 vom Werksdirektor beantragt und vom Minister schließlich am 19.6.1956 bestätigt wurde. Vielleicht hingen diese terminlichen Merkwürdigkeiten mit der Umbenennung des Werks zusammen. Denn während die Produktpräsentation noch unter der Werksbezeichnung VEB Kraftfahrzeugwerk AUDI erfolgt war, hieß der Betrieb ab dem 1. September 1955 VEB Automobilwerk AWZ. Was ein Serienanlauf im August für die Herstellerbezeichnung in den Fahrzeugpapieren und in den Annalen der Automobilgeschichte hätte bedeuten können, nicht auszudenken – nun gut.

Seitenblicke in andere Richtungen

Ein Blick über die Stadtgrenzen Zwickaus hinaus, in Richtung Berlin und Eisenach, mag an dieser Stelle gestattet sein. Wenn sich der Minister Heinrich Rau mit seiner Entscheidung für die Entwicklung des P70 über so viele hochrangige Widerstände hinweggesetzt hat (einer der Wadenbeißer gegen dieses Projekt scheint einer seiner eigenen Staatssekretäre gewesen zu sein), dann darf es nicht allzu sehr erstaunen, dass

Der P70 wird von einem Zweizylinder-Zweitaktmotor mit Thermosyphonkühlung angetrieben. Das Getriebe ist im Motorraum gut einsehbar und zugänglich. Diese übersichtliche Bauweise kommt heute der Oldtimerpflege zugute.

er alles andere als erbaut gewesen ist, als Eisenach ein paar Tage nach der offiziellen Präsentation des P70 mit dem Wartburg 353 reingeschneit kam. Andererseits fällt es schwer zu glauben, dass die Eisenacher überhaupt keine Ahnung von der Entwicklung und Fertigstellung des P70 gehabt haben sollen. Die Geheimhaltung war längst gefallen. Der Wissenschaftliche Beirat der IFA bestand aus mehr als drei Dutzend namhafter Mitglieder. Auch wenn die Verbindung zwischen Zwickau und Eisenach damals noch nicht aus einer gut ausgebauten Autobahn bestand, Telefone extrem selten waren (nur in Privathaushalten): So tief „im Wald" kann Eisenach gar nicht gelegen haben, dass all das nicht bis dorthin gedrungen ist. Plausibler erscheint, dass man in Eisenach von der Angelegenheit wohl wusste, aber den Zwickauern nicht zutraute, gleich zwei Fahrzeugentwicklungen voranzutreiben. Was sie ja auch nicht wirklich taten, nur behaupteten. Vielleicht ist Eisenach dieser Desinformation aufgesessen.

Der P70 in Privatbesitz

Der P70 ist ein Modell, das es verdient, genauer betrachtet zu werden. Reinhardt Lorenz aus Minsleben hat einen P70 restauriert. Einen Kombi. Dass sich der frühere Mitarbeiter des Wernigeröder Getriebewerks dem P70 K ver-

Herstellerzeichen und Typemblem in Hochglanz

schrieben hat, hat zwei Ursachen: „Ich suchte nach einer Beschäftigung im Ruhestand. Und ich habe in einer wichtigen Phase meines Lebens einen P70 K gefahren." Von 1962 bis 1964 hat Lorenz Lokschlosser bei der „Quere" gelernt, der heutigen HSB, damals ein Teil der DR. Eigentlich hatte er Dampflokführer auf den Brockenloks werden wollen. Berufliche Fügungen haben das verhindert. Seine Bereitschaft, in Pritzwalk einen Arbeitsplatz anzunehmen, bescherte ihm die Zuweisung einer Wohnung. Dazu gehörte auch das grundsätzliche Recht, selbst eine Garage zu bauen. Als Abstellraum – und wenn auch nur für die DDR-typische Vorratshaltung – ein Muss! Für das tatsächliche Recht, eine Garage zu bauen, musste allerdings der Besitz eines Autos nachgewiesen werden. Also kaufte er sich eins. Einen P70 – allerdings eine Limousine – für ein paar hundert Mark. „Ich musste ein bisschen daran arbeiten, dann konnte es die Rolle eines Familienautos übernehmen", erzählt der aktive Ruheständler. Nach einem Unfall, ein russischer Lkw hatte ihn von der Straße gedrängt, musste er den P70 dann auch noch komplett neu aufbauen. So schließt sich der Bogen zwischen Vergangenheit und Gegenwart.

Acht Vorbesitzer

Wie wir schon andernorts erwähnt haben, sind bei Restaurationsmodellen einmalige Einsichten in die Technik und in die Fahrzeuggeschichte möglich. Sein Kombi setzt sich aus zwei Alt-Kombis und einer Teil- karosserie zusammen. Einer der Kombis lieferte die Karosserie und die Historie mit dem Fahrzeugbrief. Dieses Fahrzeug war beim Restaurieren sozusagen das Mutterschiff, für das die anderen Altfahrzeuge als Teilespender dienten. Acht Vorbesitzer waren in den zwei alten Fahrzeugbriefen eingetragen. Das formale Datum der Erstzulassung ist der 17. September 1957, also ein Modell aus der ersten Hälfte der Bauzeit.

Die lastverbogene Karosserie

An diesem Modell ist eine Eigenschaft ausgeprägt, die sich im Lauf der Zeit konstruktionsbedingt eingestellt hat: Die Karosserie ist hinten gebogen, abgesenkt. Ursache ist die stete Belastung des Fahrzeugs in seinem früheren Leben. Unter der Last der Ladegewichte hat sich der hintere Karosserieteil abgesenkt. Wer genau hinsieht, dem fällt es nicht schwer, die nach unten gebogene Linienführung der Karosserie nachzuvollziehen. Der pensionierte Betriebsschlosser hätte das natürlich beim Restaurieren gera-

Werksbezeichnungen

Das Jahrzehnt nach Kriegsende, teilweise auch noch die zweite Hälfte der 1950er-Jahre, war die Zeit der Umstrukturierungen in der DDR-Wirtschaft. Damit einher ging das Umbenennen der Betriebe. Während in der unmittelbaren Nachkriegszeit Vorkriegsnamen noch durchaus erwünscht waren – konnte man sich mit ihnen zum Beispiel für den Export doch schmücken –, musste in den Folgejahren die Distanz zum Westen deutlich werden. Teilweise aus rechtlichen, meistens aus ideologischen und manchmal auch aus handfesten Gründen. Gelegentlich dauerte es, bis sich der neue Name durchgesetzt hatte. Ursache war die chronisch knappe Versorgungslage: Warum ein Teil wegwerfen, das eine frühere Bezeichnung trug? Weil die Produktion wichtiger war als die Dokumentation, wirft das Zuordnen richtiger Bezeichnungen und Fertigungsmengen heute mitunter Probleme auf. Bis wann galt in Übergangszeiten noch der alte, ab wann der neue Name? Das gleiche Problem tritt bei der Zuordnung der Herstellerbezeichnungen auf, wenn ein Fahrzeug, beispielweise der F8, vor und nach dem Krieg produziert worden ist, zwar im selben Werk, aber unter anderen Besitzverhältnissen. Oder der F9, ein Vorkriegsmodell, das aber erst nach dem Krieg produziert wurde, zuerst in Zwickau, dann in Eisenach. Speziell dieses Auto wird mal als DKW, als IFA F9 und auch als EMW F9 bezeichnet. Falsch ist keine der Bezeichnungen. Ausgeliefert wurde das Modell allerdings nur vom Audi-Werk in Zwickau und von EMW in Eisenach. Unmöglich werden Recherchen, wenn Unterlagen verloren gingen oder vernichtet wurden. Wie jene eines Teils der Zwickauer Fertigung bei einem Großfeuer.

Selbst in den Dokumenten der damaligen Zeit werden Werksbezeichnungen mitunter verkürzt – und damit ungenau – wiedergegeben. Obwohl inzwischen ein VEB, wurde diese Abkürzung häufig weggelassen. In offiziellen Schreiben ist nur vom Audi-Werk Zwickau die Rede, dabei hieß es, laut August-Horch-Museum, offiziell VEB Audi Kraftfahrzeugwerk Zwickau. Bis zur Umbenennung in VEB Automobilwerk AWZ Zwickau und der späteren Zusammenlegung mit den Horch-Werken unter dem Namen VEB Sachsenring Automobilwerke Zwickau.

debügeln können. Aber das wollte er nicht: „Ist doch ein Teil der Fahrzeuggeschichte!" Drei Vorbesitzer waren laut Fahrzeugbrief Geschäftsbetriebe. Das erklärt, warum der Kombi so viel hatte (er)tragen müssen.

Die Ursache, warum sich das Heck absenken konnte, liegt im Baustoff begründet, aus dem die Karosserie besteht – aus Holz! Auf das Holzgerippe ist die Außenverkleidung aus Kunststoffteilen aufgesetzt. Lasteten hohe Gewichte auf dem Boden der Ladefläche, verteilte diese den Gewichtsdruck auf das Holzgerippe. Da Kunststoff und Holz flexible Baustoffe sind, gaben diese schließlich dem Gewichtsdruck nach und das Heck senkte sich im Verlauf der Dauerbelastung nach unten.

Holz und Kunststoff als Blechersatz

Dieser konstruktive Mix aus Holz und Kunststoff war einerseits dem Mangel an Blech, andererseits der Entwicklung der später für Fahrzeuge aus Zwickau typischen Kunststoffkarosserien geschuldet. Diese war zwar inzwischen fortgeschrit-

↑ **B-Säule aus Holz in der Form der Karosserie: Auf dieses Holzgerippe werden die lackierten Plasteteile aufgeklebt.**

↓ **Restaurierungsdetail in Hochglanz: verchromtes Motorhaubenscharnier**

ten, aber sie war noch nicht auf dem später erreichten hohen Entwicklungsniveau. Große Flächen ließen sich noch nicht in einem Stück pressen, und auch die Übergänge zwischen dem Kunststoff und den letztlich unvermeidlichen Blechteilen, beim P70 zum Beispiel die Kotflügel, waren damals noch Problemzonen. Deshalb war damals Holz zum Einsatz gekommen.

Beim Entfernen des verfaulten Holzes war die äußere Form noch so weit intakt, dass Reinhardt Lorenz anhand der Umrisse Schablonen für Neuteile anfertigen konnte. Das neue Holz verölte er; danach strich er es mit sogenannter Vorstreichfarbe. Den Karosserieboden erneuerte er mit stabilem Sperrholz. Die Längs- und Querholme bestehen aus Hartholz, früher waren sie aus Buche. Beim Verleimen der Hölzer verstärkte er die B-Säule um einen Zentimeter.

Die Feinheiten einer Leistungssteigerung

Der Motor hat 22 PS, zwei PS mehr als der F8. Das Getriebe ist – wie es damals üblich war – unsynchronisiert, wurde aber neu abgestuft. Es verfügt über einen sperrbaren Freilauf. Eine Trockenkupplung erleichtert das Trennen von Motor und Getriebe. Aber gerade diese Leistungssteigerung hat weitreichende Folgen gehabt. Denn die höhere Verdichtung erzeugt ein stärkeres Drehmoment. Beim Starten, das hatten Experimente mit den Versuchsfahrzeugen ergeben, reichte die Leistung der Sechs-Volt-Startanlage mitunter nicht aus. Vor allem im Winter. Also erhielt der P70 eine Zwölf-Volt-Elektrik. Der Kühler besteht aus Messing. Der Kühlmittelkreislauf funktioniert als Schwerkraftkühlung und kommt im Original ohne Förderpumpe aus. Seinen Kühler fertigte Lorenz aus explantierten Fragmenten der Altfahrzeuge.

Die Schaltkulisse für die drei Vorwärtsgänge und den Rückwärtsgang der Stockschaltung ist links vom Lenkrad aufgezeichnet.

Die Kühlmitteltemperaturanzeige ist eine sinnvolle Ergänzung. Die Thermosyphonkühlung funktioniert ausschließlich nach dem Schwerkraftprinzip.

Er rüstete allerdings entgegen der Serienausführung einen Ventilator nach. Der dient der Luftzufuhr zum Kühler und fördert so den Wärmeaustausch. Zugleich verbessern die rotierenden Ventilatorblätter die Warmluftförderung von der Krümmerheizung in den Innenraum. Der Ventilator wird durch einen Thermostat im Kühlmittelkreislauf gesteuert, kann aber auch durch einen Handschalter aktiviert werden.

Dazu musste er sie erst auseinander löten, die Kapillarröhrchen und die Lamellen reinigen und danach alles wieder zusammenlöten. Zuletzt rüstete er einen Ventilator nach, um das Luftvolumen der den Kühler anströmenden Kühlluft zu vergrößern. Denn der ist damals, wie beim F9, hinter dem Motor angeordnet worden. Bei eingeschalteter Heizung dient er auch der verbesserten Warmluftförderung ins Fahrzeuginnere. Der Lüfter ist thermostatgesteuert, lässt sich aber auch per Hand einschalten. Beim Restaurieren bereitete der Motor die größten Schwierigkeiten. Denn den setzte Reinhardt Lorenz aus den Teilen von drei Motoren zusammen. Auf zwei der drei Motoren waren keine Nummerierungen mehr erkennbar, sodass die Feinabstimmung der Passformen extrem aufwendig war. Das Motorgehäuse ließ er aufarbeiten und vermessen. Eine neue Kurbelwelle musste montiert werden. Die Zylinder sind von einer Schleiferei in Halberstadt ausgeschliffen worden. Entsprechend überdrehte er selbst die Kolben. Auch die Kolbenringe fertigte er selbst aus Spezialmaterial und montierte sie mit den entsprechenden Toleranzmaßen. Vier Jahre dauerte die Restauration des P70 K.

Die Wurzeln des Trabant

Horch oder Sachsenring

Zunächst war das Zwickauer Werk mit dem Bau von Lkws, Armee-Kübeln, Ackerschleppern und Zulieferungsaufträgen für das Audi-Werk nebenan gut ausgelastet gewesen. Doch eines war damit nicht verbunden: Der prestigeträchtige Name blieb ungenutzt. Unmittelbar nach dem Krieg hatte das Werk zwar noch einige Horchs aus liegen gebliebenen Komponenten zusammenschrauben dürfen. Aber das war es dann auch schon gewesen.

P240 – das Modell für die Oberklasse

Mit dem Sachsenring P240 durfte das Werk ein Modell der Oberklasse in Angriff nehmen. Tatsächlich hatte allerdings der am 13. September 1953 an Horch ergangene Auftrag ein Mittelklasseauto zum Ziel gehabt. Das Auto orientierte sich an westlichen Standards und war zur Nutzung für obere Staats-, Partei- und Behördenchargen vorgesehen. Den in Chemnitz (später Karl-Marx-Stadt) entwickelten 2,4-Liter-Sechszylinder hatten die Zwickauer schon in den P2 eingebaut. Im P240 war er mit einer schicken Lenkradschaltung konzipiert. Beim Fahrwerk wurden einzelne Baugruppen vom EMW 340 übernommen. Bei der Karosserie blieb es bei der Rahmenbauweise. Optisch raffiniert wirkt die in Höhe der B-Säule gestufte Zierleiste in Verbindung mit den ausgestellten hinteren Kotflügeln. Der Kühlergrill bestand zunächst aus senkrechten Lamellen, dann aus waagrechten Chromleisten. Die Karosserie bestand aus demselben Stahlblech, der Kofferraumdeckel aus Aluminium. Die ursprünglich punktförmigen Frontblinker wurden später als rechteckige Einheiten um die Fahrzeugrundungen herumgezogen. Gegen Ende der Produktion gab es auch durchgehende, dann geschwungene Zierleisten. Das Markenemblem unterlag mehreren Wandlungen: zunächst war ein Horch-Emblem aufgesetzt, dann ein VEB-Schriftzug mit dem Buchstaben H (für Horch) und zuletzt das Sachsenring-Logo. Den P240 gab es als Limousine, Kombi und Cabrio. Später kam noch der Repräsentant (siehe Seite 103) als Sonderanfertigung für die NVA dazu. Wie üblich, gibt es keine genauen Produktionszahlen. Sie reichen für den P240 von 1.382 Exemplaren bis zu 1.800 Fahrzeugen. Die erstgenannte Zahl ist die Werksausgabe, die zweite eine inoffizielle Schätzung. So oder so war die Produktion um das Zigfache hinter den Planzahlen zurückgeblieben. 2.500 Arbeitsstunden betrug die Handarbeit an einem P240, beim P50 Trabant waren es nur 180. Die Produktionskosten lagen etwa 20 Prozent über dem Verkaufspreis des Fahrzeugs.

Die Fusion

Es war unausweichlich und nicht zu ändern, auch, oder erst recht nicht, im real existierenden Sozialismus: die Zusammenlegung des Audi- und des Horch-Werks in Zwickau. Rationalisierungszwänge machten diesen Schritt unumgänglich. Dabei kamen aber – ganz unsozialistisch – die jahrzehntealten Vorkriegstraditionen beider Werke wieder zum Vorschein. Immerhin hatten noch zahlreiche Angehörige beider Betriebe in allen Hierarchieebenen in den damals noch weitgehend eigenständig produzierenden

Mit dem P240 stieß das Horch-Werk in die Oberklasse vor. Das Auto orientierte sich an westlichen Standards und war zur Nutzung für obere Staats-, Partei- und Behördenchargen vorgesehen. Den P240 gab es als Limousine, Kombi und Cabrio. Die Produktionszahlen reichen von 1.382 bis zu 1.800 Fahrzeugen.

Firmen unter dem Dach der Auto Union gearbeitet. Jetzt ging es um Besitzstände und Arbeitsplätze, die in Gefahr waren. Je höher die Positionen angesiedelt waren, desto mehr. Man braucht(e) keine zwei Chefs für dieselbe Sache. Zumindest die Gefahr, zukünftig woanders arbeiten zu müssen, war sehr real.

Erhitzte Gemüter

Arbeitsgruppen wurden eingerichtet, Gesprächskreise gegründet, und letztlich sollte alles die Partei richten. Man müsse alles halt nur richtig und überzeugend erklären. Das sollte auch hier das Allheilmittel sein. Es sei recht hart diskutiert worden, heißt es in Berichten der Arbeitsgruppen. Im Klartext: Es flogen die Fetzen. Die Angst von Image- und Arbeitsplatzverlust trieb vor allem die Horch-Werker auf die Barrikaden. Zum Beruhigen der Gemüter kursierten Zusagen von „oben", die von vornherein schlicht unglaubwürdig waren. Was die Gemüter noch mehr erhitzt haben dürfte.

Die Aufgabe, alles zu richten, war den beiden Parteisekretären der Werke übertragen worden. Wenn man die Berichte über den Zusammenlegungsprozess durchsieht, gewinnt man den Eindruck, dass es sich bei ihnen um keine reinen Erfüllungsgehilfen der Obrigkeit gehandelt hat. Vielmehr scheinen sie versucht zu haben, die Verschmelzung als ehrliche Makler zu moderieren.

Der Repräsentant wurde von den Horch-Werken für die NVA gebaut. Es war eine Sonderanfertigung, die bei Paraden zum Einsatz kam. Das Fahrzeug war offen. Es gab nicht einmal ein Hardtop oder ein Verdeck.

Der Werksname für die Zukunft

Auch nach der Fusion waren angeblich noch jahrelang Befindlichkeitsstörungen zu spüren. Immerhin gelang es, durch eine sinnvolle Aneinanderreihung des bisherigen Werknamens plakativ alte Traditionen sichtbar zu verknüpfen. Am 1. Mai 1958, dem „Kampftag der Arbeitsklasse", entstand der VEB Sachsenring, Automobilwerke Zwickau, als Firmensignet symbolträchtig dargestellt durch ein schwungvoll angestelltes „S". Es sollte die Motorhauben aller Trabants zieren. Bei dem Namen blieb es, bis in Zwickau die Trabi-Produktion eingestellt wurde. Das Komma aus dem Werksnamen verschwand alsbald unauffällig. Nur wenige wissen, dass „Sachsenring" der Nachfolgename des Horch-Werks ist. Heute produziert die Sachsenring GmbH automobiles Zubehör.

P50 – Der zweite Versuch

Als die Konstrukteure 1954 erkannt hatten, den P50 neu konstruieren zu müssen, betraf das nicht die Trieb- und Fahrwerk-

skonstruktion. Im Februar 1956 begann unter Oberingenieur Wilhelm Orth die Arbeit. Fatal war dabei, dass nunmehr Berlin nicht mehr die erforderlichen Gelder für die Fahrzeugentwicklung zur Verfügung stellen wollte. Es begann ein elendes Gefeilsche. Bemerkenswert ist dabei, wie direkt, beinahe rüde die Zwickauer gegenüber Berlin argumentierten. Die Zwickauer mussten

Wertvolles Antiquariat: Die Auszüge aus der Betriebsanleitung für die Autos der P70-Serie stammen aus der Ausgabe des Jahrs 1958. Die Betriebsanleitungen für Autos aus Ostdeutschland galten als ein Muster an Genauigkeit und Verständlichkeit. Das war kein Wunder, denn die Autobesitzer waren weitgehend auf Selbsthilfe angewiesen.

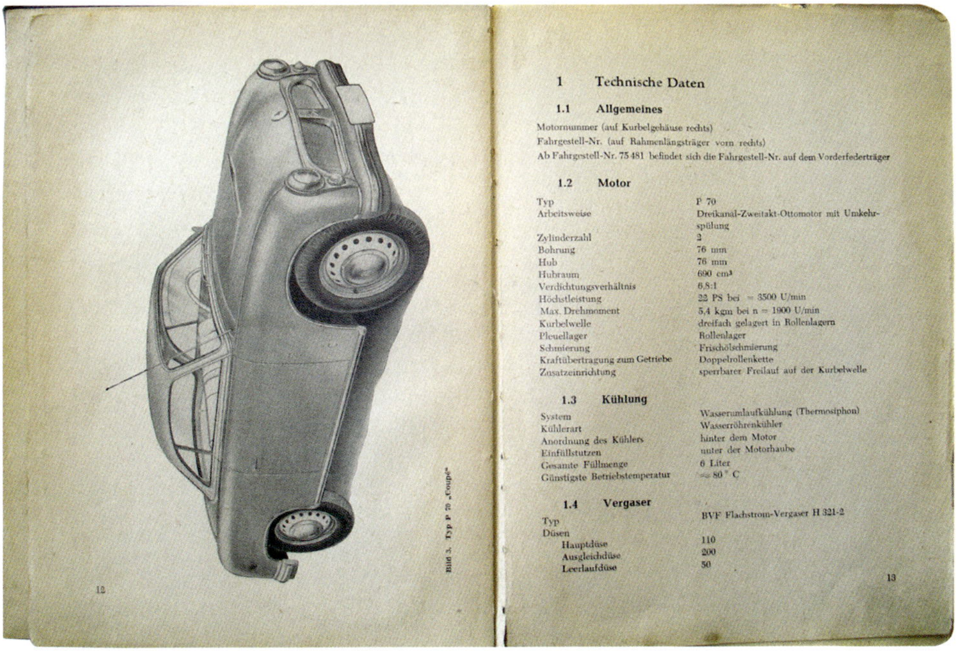

1 Technische Daten

1.1 Allgemeines

Motornummer (auf Kurbelgehäuse rechts)
Fahrgestell-Nr. (auf Rahmenlängsträger vorn rechts)
Ab Fahrgestell-Nr. 75 481 befindet sich die Fahrgestell-Nr. auf dem Vorderfederträger

1.2 Motor

Typ	P 70
Arbeitsweise	Dreikanal-Zweitakt-Ottomotor mit Umkehrspülung
Zylinderzahl	2
Bohrung	76 mm
Hub	76 mm
Hubraum	690 cm³
Verdichtungsverhältnis	6,8:1
Höchstleistung	22 PS bei = 3500 U/min
Max. Drehmoment	5,4 kgm bei n = 1900 U/min
Kurbelwelle	dreifach gelagert in Rollenlagern
Pleuellager	Rollenlager
Schmierung	Frischölschmierung
Kraftübertragung zum Getriebe	Doppelrollenkette
Zusatzeinrichtung	sperrbarer Freilauf auf der Kurbelwelle

1.3 Kühlung

System	Wasserumlaufkühlung (Thermosiphon)
Kühlerart	Wasserröhrenkühler
Anordnung des Kühlers	hinter dem Motor
Einfüllstutzen	unter der Motorhaube
Gesamte Füllmenge	6 Liter
Günstigste Betriebstemperatur	≈ 80° C

1.4 Vergaser

Typ	BVF Flachstrom-Vergaser H 321-2
Düsen	
Hauptdüse	110
Ausgleichdüse	200
Leerlaufdüse	50

13

Die überarbeitete Version des P50 war die erste Version, die mit der Bezeichnung „Trabant" ausgeliefert wurde. Aufgrund des Hubraums wird diese Baureihe auch als „Trabant 500" bezeichnet. Der Übergang zum P60 („Trabant 600") war äußerlich kaum zu erkennen. Der Motor hatte 600 cm³ und leistet 23 PS. Das Getriebe wurde synchronisiert, der vierte Gang mit einem Freilauf versehen.

Zugänglich und übersichtlich: der Zweizylinder-Zweitaktmotor des P50. Am Motorprinzip änderte sich in den folgenden Jahren nicht viel.

sogar der Versuchung widerstehen, aus Ersparnisgründen die Karosserie des P70 mit dem Motor des F9 als Nachfolger auszugeben. Eine bessere Bestätigung für die Richtigkeit ihrer schwarzen P70-Entwicklung hätte es nicht geben können. Aber sie wussten, dass eine Holzkarosserie zukünftigen Anforderungen nicht gewachsen sein würde. Durch beharrlichen Druck von unten nach oben brachten sie es nun ihrerseits fertig, das P50-Projekt durchzusetzen. Bei der Neukonstruktion lag der Schwerpunkt auf der Karosseriegestaltung. Statt aus Holz wurde ein Gerippe aus Blech hochgezogen. Auf dieses Blechgerippe klebten die Zwickauer die Kunststoffteile. Ähnlich wie beim Melkus, unterlief den Konstrukteuren dabei ein Missgeschick. Dieses sollte bis zum Ende der Trabi-Fertigung Auswirkungen auf das Aussehen der Karosserie haben.

Mit der Entwicklung der Kunststoffkarosserie hatten zunächst die Zwickauer bei Null anfangen müssen. Denn es gab niemanden, der sich mit dieser Technik der Kunststoffchemie auskannte. Letztlich fanden die Entwicklungskollektive die Lösung in der Stoffzusammensetzung aus Phenolharz und Baumwollkämmlingen fast zu gleichen Teilen, ergänzt um einige Volumenprozente biochemischer Additive. Anfangs hatte es Probleme bei der Befestigung der Duroplastflächen am Karosseriegerippe gegeben. Die Lösung fand sich in einem speziellen Klebstoff, den die Vertragshändler landesweit vorrätig halten mussten. Auch Pressmaschinen in der entsprechenden Größe konnten beschafft werden. Für eine effektive Fertigung mussten die aus mehreren Schichten bestehenden Karosserieteile möglichst ohne eine Flächenwölbung auskommen.

Was der Pannenhilfsdienst mit dem Telefonanschluss zu tun hat

Freie Autowerkstätten erkannten im fehlenden Pannenhilfsdienst eine Versorgungslücke, und mit Abhilfe von staatlicher Seite war nicht zu rechnen. Deshalb machten sich die Werkstätten selbst daran, die Lücke zu schließen, und weil die volkseigene Industrie keine zivilen Abschleppwagen baute, griffen die Werkstätten zur Selbsthilfe. Sie bauten kleine Nutzfahrzeuge zu Abschleppfahrzeugen um.
Diese Eigenbauten fuhren zu den am Straßenrand liegen gebliebenen Autos. Die Pannenhilfe erfolgte markenübergreifend. Das Fachwissen war in jeder Werkstatt vorhanden. Mindestens ein Mechaniker aus einer Wartburg-Werkstatt fuhr privat einen Trabant, in einer Trabant-Werkstatt mindestens ein Mechaniker einen Wartburg. Gleiches galt für Werkstätten anderer Automarken aus dem Ostblock.
Die Pannenbereitschaft teilten sich in der Regel drei Werkstattmitarbeiter. Diese Dienstverrichtung galt als attraktiv. Denn damit ließ sich das Einrichten eines privaten Telefonanschlusses begründen. Statt jahrelang darauf warten zu müssen, wurde der Anschluss dann ohne größere Wartezeit in die Privatwohnung des Werkstattmitarbeiters verlegt.

Welliger Werkstoff aus Zwickau

Große Flächen aus Duroplast, wie die Türen und die hinteren Seitenteile, wurden als ebene Flächen gepresst. Damit folgten die Designer auch dem damaligen Modetrend. Was dabei aber niemand bedachte, vielleicht auch nicht bedenken konnte, war die daraus resultierende Instabilität dieser Kunststoffflächen. Eingearbeitete Sicken, Falze, selbst Wölbungen hätten den Duroplastflächen mehr Stabilität verliehen. Aber man hatte mit diesem Werkstoff noch keine hinreichenden Erfahrungen. Das Werkstoffteam hatte mit seinen Versuchen zu Beginn der Nachkriegsfertigung bei Null angefangen! So war dann eine regelrechte Wellenbildung in diesen Kunststoffflächen ein jahrzehntelanges Phänomen. Auch beim 601. Hätte die DDR ihren Bürgern mehr grenzüberschreiten-

Der Trabant P601 wurde ab 1964 gefertigt.

de Mobilität gewährt –, Westreisende hätten ähnliche Effekte auch auf einigen plan montierten Metallflächen britischer und amerikanischer Geländewagen erkennen können.

Nun mag man fragen, warum vom P70 keine derartigen Beschwerden publik geworden sind. Er war nicht so lange in der Produktion, dass man – wären diese Verformungen dort auch aufgetreten – von einem derart langen Dauerärgernis hätte sprechen können. Der psychologische Mechanismus gegenseitiger Verstärkung wäre nicht in einer derartigen Extensität wirksam geworden wie beim Trabant. Auch wollen wir noch eine technische Erklärung anbieten: Beim P70 war das tragende Gerippe aus Holz, beim P50 und den Folgemodellen dagegen aus Blech. Holz ist ein flexibles Material, auch wenn das Holz gehärtet und konserviert war. Wenn der Kunststoff sich dehnte und zusammenzog, konnte Holz die Bewegungen aufnehmen. Dass die P70-Karosserie flexibel war, beweist der restaurierte Oldtimer von Reinhardt Lorenz.

Technisch auf dem Stand der Zeit

Die Bodenfreiheit des P50 ist auf 180 mm angelegt gewesen. Sie reicht damit an die eines heutigen Allradfahrzeugs heran. Damals brauchte man sie wegen der schlechten Straßen; heute würden sie das Erklettern hoher Kantsteine im beengten Parkraum (Gehwegparken) erleichtern. Zur Begrenzung der 150 mm langen Federwege

Freilauf

Eine Besonderheit der Zweitaktmotoren ist der unruhige Lauf, wenn der Fahrer das Gas weggenommen hat oder wenn sie mit Standgas drehen. Im Schiebebetrieb würde sich dieser unregelmäßige Motorlauf bei starrer Kraftübertragung zumindest in den unteren Gängen auf das Fahrverhalten des Autos übertragen. Neben Komfortbeeinträchtigungen könnten das vom Motor ausgehende ungleichmäßige Leerlaufverhalten – zum Beispiel bei schnee- oder eisglatter Fahrbahn – das Auto ausbrechen lassen. Deshalb wird ein sogenannter Freilauf zwischengeschaltet, der den Kraftschluss zwischen Motor und angetriebener Achse beim Trabant durch eine Klemmrollenkupplung automatisch unterbricht: „Die Drehzahl des Motors ist also ... mit dem Augenblick des Gaswegnehmens unabhängig von der Fahrgeschwindigkeit, wodurch Kraftstoff eingespart und der Motor geschont wird", heißt es in der Betriebsanleitung für den Trabant 601 aus dem Jahr 1983.
Besonders gut lässt sich das Wirken des Freilaufs bei Fahrzeugen mit einem nachgerüsteten Drehzahlmesser beobachten: Nimmt der Fahrer das Gaspedal zurück, sinkt die Motordrehzahl auf Leerlaufniveau zurück, ohne dass er dafür auskuppeln muss. Gibt der Fahrer wieder Gas, steigt die Drehzahl auf das Niveau der gefahrenen Geschwindigkeit und das Fahrzeug erhält wieder Vortrieb.
Die Funktionsweise des Freilaufs ähnelt dem eines Automatikgetriebes ohne starren Durchtrieb. Der Freilauf reicht allerdings nicht bis zum Stillstand des Fahrzeugs. Vorher muss der Fahrer die Kupplung treten, sonst würgt er den Motor ab.
Der Freilauf kann bei einigen Modellen gesperrt werden, damit bei langen Fahrten im Gefälle die Bremsen nicht überlastet werden. Außerdem besteht bei älteren Zweitaktern die Gefahr, dass bei längerem Leerlaufbetrieb die Schmierung des Motors nachlässt. Beim Trabant 601 war der Freilauf nur im vierten Gang wirksam, ein Sperren „... nicht vorgesehen, da auf glatten oder vereisten Straßen oder steilen Gefällen ohnehin auf einen niedrigeren Gang geschaltet wird", heißt es in der o. g. Betriebsanleitung.

der Querblattfedern waren Fangbänder montiert. Die Dämpfung besorgten vier doppelt wirkende Teleskopstoßdämpfer. Der Motor hatte 5 PS weniger als der P70. Deshalb konnte auch mit einer Sechs-Volt-Elektrik gestartet werden. Ergebnis: eine Engpass-quelle weniger.

Im März 1960 kam mit dem „Universal" ein Kombi mit seitlich angeschlagener Hecktür heraus. Er löste den P70 K ab. Der nur ein Jahr lang hergestellte Kleinlieferwagen mit durchgehender Ladefläche statt hinterer Sitze und geschlossenen Seitenflächen statt hinterer Seitenfenster war nur für den Export bestimmt. Ebenfalls 1961 begann die Fertigung des Sondermodells „Camping". Dessen Rezeptur war gleichermaßen einfach wie bestechend. Die Zwickauer spendierten der Kombiversion Liegesitze und ein weit öffnendes Faltschiebedach. Damit bediente dieser Typ die gehobenen Wünsche des Freizeitverhaltens jener Tage.

Ab 1960 leistete der Motor 20 PS. Im Oktober 1962 kam der P60 auf den Markt. Er hatte ein vollsynchronisiertes Viergang-Getriebe, eine längere Übersetzung und der vierte Gang war mit einem Freilauf versehen. Mit einer Hubraumerhöhung auf 595 cm³ und einer Leistungssteigerung auf 23 PS verbesserte sich das Beschleunigungsvermögen erheblich. Inzwischen hatte sich der Name Trabant, Ergebnis einer Umfrage in der Zwickauer Mitarbeiterzeitung, eingebürgert. Erstmals war der Trabant, damals noch im Kleid des P50 auf der Herbstmesse 1958 vorgestellt worden. 1964 erhielt der Trabant die Modellbezeichnung P601, bei der es bis zur Einführung des Viertaktmotors bleiben sollte. 1969 konnte die Motorleistung noch einmal gesteigert werden: auf 26 PS bei gleichbleibendem Hubraum.

Der P601 – wieder eine Geheimentwicklung

Die Umstellung auf den P601 war gar nicht so einfach gewesen. Scheinbar mussten alle Autos, die später die Großserien ausmachten, erst einmal geheim entwickelt werden. Zwar hatte der VEB Sachsenring den Auftrag erhalten, für den P50/P60 einen Nachfolger zu bauen. Doch diese Auftragsarbeit wäre nur ein marginaler Fortschritt gewesen. Eher schlichte Modellpflege. Durch ein hinteres Panoramafenster sollte Raum für eine Hutablage und durch eine geänderte Dachpartie mehr Kopffreiheit gewonnen werden. Wenn schon, denn schon – mögen die Zwi–ckauer gedacht haben. Zumal sie wussten, wie langsam alles ablief und wie viele Instanzen bei jeder Entscheidung mitreden wollten und wer alles etwas zu sagen hatte. Manchmal wohl nur, um das Gegenteil dessen zu sagen, was der andere gesagt hatte. Die Entwicklung des P50 und des P70 war ja noch nicht lange her. Wann sie ein wirklich

Dieser P60 war als Fahrschulwagen im Einsatz.

Mit einem Trabant Kombi und einem Anhänger ließ sich die maximale Transportleistung erzielen.

neues Modell hätten entwickeln dürfen, wenn sie jetzt dem „Modellpflege"-Auftrag nachgekommen wären, hätte wahrscheinlich hinter dem Zeitabschnitt namens Zukunft gelegen.

Deshalb entschied die Zwickauer Werksleitung, Versuchsfahrzeuge zu bauen. Keine grundverschiedenen Typen. Ein Auto nach den Vorstellungen der Auftraggeber, ein Auto nach den eigenen Vorstellungen. Das nach den eigenen Vorstellungen hatte eine vom Vorgänger etwas weiter abweichende Form. Beim Anblick von der Seite wirkte die Silhouette vorne und hinten zur Bodengruppe hin etwas eingezogen. Das entsprach der zeitgenössischen Mode in der Automobilbranche. Im September 1959 erschienen die Spitzenfunktionäre, um das Ergebnis in Augenschein zu nehmen.

Ausgetrickst

Was dann passierte, muss ziemlich spannend gewesen sein. Denn die Positionierung der beiden Versuchsmuster und die Art ihrer Aufstellung lässt nur den Schluss zu, dass die Präsentation einem genau berechneten Ablaufplan folgte. Bei der Vorstellung des offiziellen Versuchsfahrzeugs gelang es durch eine geschickte Gesprächsführung, Fragen nach Alternativen zu provozieren. Prompt führte man die hochrangigen Besucher in einen Nebenraum, in dem ein abgedecktes Objekt stand. Nach dessen demonstrativer Enthüllung standen die Funktionäre vor dem bis eben geheimen „Erlkönig". Die individuellen Reaktionen der Besucher sind nicht überliefert, dafür aber

Der getunte Trabant Kombi ist im Alltagsgebrauch.

die Gemeinschaftsempörung über diese Selbstständigkeit. Doch letztlich segnete der Chef der Industrievereinigung Fahrzeugbau das Projekt ab, und alle Beteiligten taten sogar so, als ob das aus der Geheimarbeit entstandene Auto von vornherein die Auftragsarbeit gewesen wäre.

Auch das Dach ist aus Duroplast

Den Trabant gab es als Limousine und als Kombi („Universal"), jeweils in einer einfachen Standard- und einer gehobenen Ausführung („S", „de Luxe", „L"). Beim 601 hielten endlich auch Kurbel- statt der Schiebefenster Einzug. Letztere waren ein Relikt aus der P70-Produktion gewesen, weil damals ein Engpass

an Kurbelmechanismen bestanden hatte. Neu war auch das Dach aus Duroplast. Bislang hatte es aus Blech bestanden. Jetzt stand endlich eine Presse für das Formen von Teilen dieser Größe zu Verfügung. Beim Kombi war die Heckklappe nach oben zu öffnen.
Abgesehen vom Zweizylinder-Zweitaktmotor passten die Zwickauer, wenn auch etwas zeitversetzt, die Ausstattung des Autos regelmäßig westlichen Standards an. Erst ab 1980 durften die Insassen der Sicherheit einer Zweikreis-Bremshydraulik vertrauen. Bis dahin bedurfte es einer gehörigen Portion Glück und Geistesgegenwart, wenn der einzige Bremskreis versagte. Da war dem Fahrer nur die Handbremse geblieben, das Sperren des Freilaufs, um die – kaum wirksame – Motorbremse des Zweizylinder-Zweitakters zu aktivieren, und das Einlegen eines niedrigen Gangs, was lange Zeit angesichts der fehlenden Getriebesynchronisierung ein fragwürdiges Unterfangen war. Blieb also letztlich nur die Suche nach einem Ausweg oder die Blech- beziehungsweise Kunststoffbremse. 1983 kam eine Drehstrom-Lichtmaschine mit einem 12-Volt-Bordnetz, einer beheizbaren Heckscheibe und Halogen-H4-Lampen dazu.

Eine gesellschaftspolitische Aufgabe

Viele dieser Modellpflegemaßnahmen fanden ihren Eingang in die laufende Serie. Das war bei den ostdeutschen Herstellern so üblich. Im Westen hätten man sich die Neuerungen für den nächsten Modellwechsel aufgehoben und sie mit Tamtam bei dieser Gelegenheit verkauft, Preiserhöhung inklusive. Die gab es auch beim Trabant. Dennoch blieben die Verkaufspreise hinter den Herstellungskosten zurück. Auch das war sozialistische Planwirtschaft. Denn der

Der Führerschein und die Begleitkarte

Es gab vier Möglichkeiten, in der DDR einen Führerschein zu erwerben. Bei den privaten und staatlichen Fahrschulen musste sich der Bewerber auf Wartezeiten einstellen. Für geringe Gebühren konnte man die Fahrerlaubnis bei der Gesellschaft für Sport und Technik erwerben. Wenn das alles nicht zum Ziel führte, blieb die Hoffnung, bei der NVA den Führerschein machen zu dürfen. Ein „Umweg", um die Klasse 4 zu erwerben, war der Lkw-Führerschein. Als sich das allerdings herumgesprochen hatte und immer mehr Bewerber die Fahrschulplätze belegten, durften nur noch von ihren Betrieben delegierte Fahrschüler diese Ausbildung beginnen.
Jeder DDR-Bürger hatte zusätzlich zum Führerschein die sogenannten „Begleitkarte zum Führerschein" mitzuführen. Diese Begleitkarte bestand aus fünf leeren Feldern und bot Platz für die entsprechende Anzahl an Stempeleinträgen. Diese Stempeleinträge erfolgten bei Verkehrsverstößen durch die Polizei. An Ort und Stelle. Gleich nachdem die Verfehlung begangen worden war. Wenn die Begleitkarte vollgestempelt war, durfte der Führerscheininhaber nur noch eine Fahrt machen: die nach Hause. Danach hatte er Fahrverbot.
Den Polizisten oblag durchaus ein gewisser Ermessensspielraum, ob sie den Verkehrsverstoß als so schwerwiegend bewerteten, dass er nur mit einem Stempeleintrag geahndet werden konnte. Hatte ein Autofahrer seine Begleitkarte über ein Jahrzehnt lang sauber gehalten, dann, so erzählt ein Vielfahrer aus DDR-Zeiten, hätten die Polizisten die Karte nicht unbedingt „schmutzig" machen wollen und von einem Stempeleintrag abgesehen, wenn ein Autofahrer nachweisen konnte, an Verkehrssicherheitsschulungen teilgenommen zu haben.

↑ **Hansi Gisecke aus Wernigerode hat mit überschaubaren Mitteln aus seinem Trabant 1.1 Sport, Baujahr 1990, einen schicken Kleinwagen gemacht: Ein Sportfahrwerk, Reifen der Dimension 195/45 R 15 und Spoiler werten den Trabi optisch erheblich auf.**

Auch im Innenraum hat Hansi Gisecke den Komfort erhöht.

Trabant hatte auch eine gesellschaftspolitische Aufgabe zu erfüllen.

1953 hatten sich die Ostdeutschen aufgelehnt. Gegen ständig härtere Arbeitsnormen. Die Bezahlung war der Traum von einer besseren – sozialistischen – Welt gewesen. Aber den Menschen waren bessere Lebensbedingungen in der Gegenwart wichtiger. Der Lebensstandard im Westen war das Maß. Die bessere Welt kam per Briefpost, Radio und zunehmend auch per TV in die Haushalte der DDR. Angst um den Arbeitsplatz oder das soziale System kannte damals selbst im Westen kaum jemand. Im Osten waren das Themen im Schwarzen Kanal oder bei der innerbetrieblichen Rotlichtbestrahlung. Geglaubt hat das (fast) keiner.

Also gingen viele nach „drüben"; über Berlin war das immer noch vergleichsweise

Der Armeekübel hat eine Glasscheibe in der Motorhaube.

einfach möglich. Nach dem Aufstand wollte die Regierung die Stimmung verbessern und die Bevölkerung bei Laune halten. Das P50-Projekt, aus dem später der Trabant hervorging, hatte die DDR-Regierung auf den Weg gebracht, um zu beweisen, dass eine Motorisierung der Bevölkerung auch im Sozialismus möglich war. Der Kleinwagen sollte die automobile Grundversorgung gewährleisten und für jede Familie bezahlbar sein.

„Warum überholen die uns?"

Der zweitaktende Trabant 601 erreichte Tempo 108. Erlaubt waren in der DDR aber nur 100 Stundenkilometer, auf den Autobahnen. Daran hielt man sich, denn Radarkontrollen waren an der Tagesordnung. „Warum müssen die Westdeutschen uns immer überholen, hab ich mich damals immer gefragt", offenbart ein ostdeutscher Autofahrer seine Gedanken. Seine Erklärung legt er gleich nach: „Heute überhole auch ich jeden Zweitakter. Wegen des Gestanks!" Der hätte nicht sein müssen, denn auch die Zwickauer hatten an Viertaktern gearbeitet. Endlich durften auch die Trabants von den VW-Lizenzmotoren profitieren. Fast genau an dem Tag, als die Grenze aufging, startete die Produktion der Trabants mit den Viertaktmotoren. 60 Prozent der Karosserieteile hatten dafür angepasst werden müssen. Der Tank wanderte aus dem Kofferraum in das Fahrzeug-heck, und der Innenraum verkleinerte sich zugunsten der Fahrwerksmodifikationen. Der Einbau der McPherson-Federbeine hatte den Fußraum für Fahrer und Beifahrer verkleinert. Äußerlich war davon kaum etwas zu erkennen. Denn der Trabant kam optisch in seinem alten Karosseriekleid daher. Die Frontschürze und die Motorhaube waren jetzt

Uwe Steding besitzt mehrere Trabants. Er macht dort weiter, wo Zwickau aufhören musste. Sein Alltagsauto ist ein komplett überholter Kombi.

allerdings aus Blech. Einen Nachfolger hätte sich die DDR erst Mitte der 1990er-Jahre leisten können. Denn die Investitionssumme von 7,96 Milliarden Mark in die Produktion des Viertaktmotors für Wartburg und Trabant war die teuerste Investition der ostdeutschen Industriegeschichte gewesen.

Der Trabant heute

Edles Aussehen mit geringem Aufwand

Hansi Gisecke aus Wernigerode zeigt mit seinem Trabant 1.1 Sport, Baujahr 1990, dass man aus diesem Auto mit überschaubaren Mitteln einen schicken Kleinwagen machen kann. Ein Sportfahrwerk, Reifen der Dimension 195/45 R 15 sowie Front- und Heckspoiler werten den Trabi optisch erheblich auf. Das Faltschiebedach und Sitze vom Smart verbessern den Komfort für die Insassen. Der Motor ist der originale Viertakter aus der letzten Serie. Hansi Gisecke hat auch in die Sicherheit investiert. Den schnittigen Kleinwagen verzögern Scheibenbremsen des Golf GTI. Es sei auch möglich, so sagt er, den letzten Wartburg-Motor mit 1,3-Litern Hubraum und 55 PS in den Trabant einzubauen.

Der große Vorteil des Trabants besteht darin, dass er, abhängig vom Baujahr, Oldtimer, Youngtimer, Klassiker oder einfach ein Kultauto ist. Deshalb sind Ersatzteile und Zubehör in guter Qualität und zu zivilen Preisen flächendeckend zu haben.

Die Zukunft eines Kultautos: Weitermachen, wo die Zwickauer aufgehört haben

Bei Uwe Steding weiß man nicht so genau, wie viele Trabanten er in seiner Werkstattscheune stehen hat. Seine Spezialität ist das Restaurieren und Aufbauen von Trabis. Nach dem Prinzip „Drei zu einem". Die Scheune ist beheizbar, zum Teil mit Teppich ausgelegt und hat einen abgetrennten kleinen Aufenthaltsraum. Selbstverständlich mit Kühlschrank und Kaffeemaschine. In der DDR-Nostalgieecke liegen automobile Kleinteile aus der damaligen Zeit. Wenn Uwe Steding schraubt, weht vor der Scheune eine DDR-Fahne. So tut er dem Ortsteil kund, dass er „da" ist. Allerdings restauriert er ausschließlich für den Eigenbedarf. Für jede Jahreszeit einen Trabant, das ist so ungefähr sein jetziger Fertigungsstand. So läuft das bei ihm. Er versuche dort anzuknüpfen, wo die Zwickauer hätten aufhören müssen, erklärt er seine Leidenschaft. Früher habe er davon geträumt, in Zwickau zu arbeiten. Aber im Rahmen der planwirtschaftlichen Arbeitsplatzverteilung sei er 1971 zum Elektromotorenwerk in Wernigerode gekommen. Den Betrieb gibt es heute noch,

Mit dem Viertakter geht's im Motorraum enger zu. 60 Prozent der Karosserie mussten für den Einbau des Lizenzmotors angepasst werden.

Mit attraktiven Accessoires aus dem Zubehör lässt sich das Cockpit veredeln.

Der Motorraum des ehemaligen Armeekübels ist bunt ausgestaltet. Auch bei der Lebensmittelindustrie hat er Anleihen genommen.

und dort hat er auch heute noch einen sicheren Arbeitsplatz.

Sein Alltagsauto ist ein getunter Trabant Kombi mit einer Höchstgeschwindigkeit von 160 km/h. Die Beschleunigung dieses Leichtgewichts ist sensationell. Ampelstarts auf zweispurigen Ausfallstraßen haben Erlebnischarakter. Für den Beifahrer oder – noch besser – den unbeteiligten Dritten im Auto dahinter. Ein zweiter Hingucker ist ein ehemaliger Armeekübel. Den hat er aus dem tiefsten Bayern nach Sachsen-Anhalt geholt. Nach der Auflösung eines Militärstützpunkts war er in den südlichen Freistaat verkauft worden. Seine neuen Besitzer hatten ihn ziemlich unangemessen behandelt. Davon zeugte ein roter Farbanstrich, der offensichtlich mit einer Rolle aufgetragen worden war, außerdem ein Kolbenfresser, der so heftig war, dass er einen Riss im Alugehäuse verursacht hatte.

Nach zwei Jahren Restauration hat der Kübel ein anderes Aussehen bekommen. Er ist in sattem Blau lackiert und ähnelt von weitem einem Tramp ohne Überrollbügel. Beim Näherkommen bemerkt man aber die verchromten Radläufe, das tiefergelegte Fahrwerk und die maßvollen Breitreifen auf Alufelgen. Der Motor ist auf 35 PS leistungsgesteigert. Aber das alles ist noch nicht das wirklich Besondere an diesem Trabant. Wirklich besonders ist die durchsichtige Motorhaube. Die besteht bei diesem Kübel aus Sicherheitsglas. Aber auch damit noch nicht genug. Die Baugruppen im Motorraum sind farblich voneinander abgesetzt, und wo Form und Maße es zuließen, nahm Uwe Steding für die Verkleidung von Motorkomponenten Anleihen bei der Verpackung alltäglicher Verbrauchsgüter aus der Lebensmittelbranche. Das dritte Auto ist ein für den Winterbetrieb vorbereiteter Trabant. Nicht nur technisch, sondern auch äußerlich, zum Beispiel mit dauermontierten Ski-Haltern und Skiern auf dem Dach. Über die Fahreigenschaften eines Trabants bei winterlichen Straßenverhältnissen sagt Uwe Steding: „Der lässt alle anderen Fahrzeuge stehen!"

Lebendiges und vielseitiges Kultauto

Riccardo Myland war noch keine 18 Jahre alt, als er sich 2007 einen Trabant kaufte. Den Führerschein hatte er gerade erst gemacht. Von dem Geld, das er als Auszubildender verdiente, bezahlte er den Trabant 601 Sport, Baujahr 1986. Bis zum Erreichen der Volljährigkeit chauffierte er den originalen Zweitakter mit 0,6 Litern Hubraum und 26 PS in Begleitung seines Vaters (begleitetes Fahren). Die DDR kenne er nur aus Erzählungen, sagt er mit einem Schulterzucken. Den Trabant fahre er aus Interesse an der Automobilgeschichte. Dass es ihm damit ernst ist, erkennt man auch daran, dass er aus eigenen finanziellen Mitteln seinen Fuhrpark um eine MZ 125 RT erweitert hat. Beide Fahrzeuge pflegt und wartet er selbst: „Wenn man ein bisschen Ahnung von der Sache hat!" Für ihn ist der Trabant ein einzigartiges Fahrzeug.

Genex

Die Genex war von der DDR zur Devisenbeschaffung installiert worden. Über die Geschenkdienst und Kleinexport GmbH konnten Bürger westlicher Staaten den DDR-Bürgern hochwertige Waren aus westlicher oder östlicher Produktion kaufen. Auswahl und Bestellung erfolgten aus einem Katalog, die Bezahlung in Westwährung. Die Preise der Ostprodukte waren erheblich niedriger als in der DDR, wenn man den von der DDR festgelegten Umtauschkurs von 1:1 zwischen D-Mark und Ost-Mark zugrunde legt. So lag der Preis eines 20.000 Ost-Mark teuren Wartburgs bei 9.000 D-Mark. Die Lieferung erfolgte ohne Wartezeit. Westdeutsche nutzten Genex, um ostdeutschen Freunden oder Verwandten Geschenke zu machen. Auch Erbschaften Ostdeutscher im Westen ließen sich auf diese Weise „auszahlen". Der Erbe benötigte dazu im Westen eine Vertrauensperson. Die nahm die Bestellungen vor, die zuvor in der Regel im Briefverkehr vereinbart worden waren. Und bezahlte sie aus der Erbschaft. Der Erbe sparte auf diese Weise die hohen Steuern, die die Ost-Regierung beim Transferieren der Erbschaft in die DDR erhoben hätte. Da Genex ihre Gewinne an das ZK der SED abführte, profitierte die DDR dennoch von der Erbschaft.
Auch die im Ausland arbeitenden DDR-Bürger konnten über Genex ihre Gehälter in die DDR transferieren. Die Anregung, einen Geschenkdienst einzurichten, wie er dann mit Genex realisiert wurde, war von den Kirchen ausgegangen. Die hatten nach einem Weg gesucht, wie sie auf legale Weise ihren ostdeutschen „Sprengeln" materielle Unterstützung aus dem Westen zukommen lassen konnten.

Modell	IFA F8 Limousine	IFA F8 Cabrio	P70 Limousine
Hersteller	VEB Audi Kraftfahrzeugwerk Zwickau	VEB Audi Kraftfahrzeugwerk Zwickau	VEB Automobilwerk AWZ
Bauzeit	1949–1955	1949–1955	1955–1959
Motor	Zweizylinder in Reihe, Zweitakter	Zweizylinder in Reihe, Zweitakter	Zweizylinder in Reihe, Zweitakter
Hubraum (cm3)	684	684	684
Leistung (PS)	20	20	22
Gemischaufbereitung	1 Flachstromvergaser BVF 30	1 Flachstromvergaser BVF 30	1 Flachstromvergaser BVF H 30
Getriebe	Dreigang-Getriebe	Dreigang-Getriebe	Dreigang-Getriebe
Antrieb	Front	Front	Front
Höchstgeschwindigkeit km/h)	90	90	90
Bremsen	Trommeln	Trommeln	Trommeln
Radstand (mm)	2.600	2.600	2.380
Reifen	5.00 - 16	5.00 - 16	5.00 - 16
L x B x H (mm)	4.000 x 1.480 x 1.480	4.000 x 1.480 x 1.480	3.740 x 1.500 x 1.480
Leergewicht (kg)	800	820	800
Besonderheit	Sperrholzkarosserie	Sperrholzkarosserie	

Modell	P70 Kombi	P70 Coupé	P240 Limousine
Hersteller	VEB Automobilwerke AWZ	VEB Automobilwerke AWZ	VEB Kraftfahrzeugwerk Horch
Bauzeit	1956–1956	1957–1959	1955–1957
Motor	Zweizylinder in Reihe, Zweitakter	Zweizylinder in Reihe, Zweitakter	Sechszylinder in Reihe, Viertakter
Hubraum (cm3)	684	684	2.407
Leistung (PS)	22 PS bei 3500 U/min.	22	80
Gemischaufbereitung	1 Flachstromvergaser BVF H 32/1	1 Flachstromvergaser BVF H 32/1	1 Flachstromvergaser BVF F 36/3
Getriebe	Dreigang-Getriebe	Viergang-Getriebe	Viergang-Getriebe
Antrieb	Front	Front	Heck
Höchstgeschwindigkeit km/h)	90	100	140
Bremsen	Trommeln	Trommeln	Trommeln
Radstand (mm)	2.380	2.380	2.800
Reifen	5.00 - 16	5.00 - 16	7.10 - 15
L x B x H (mm)	3.740 x 1.500 x 1.480	3.740 x 1.500 x 1.400	4.730 x 1.780 x 1.680
Leergewicht (kg)	830	875	1.525

Modell	P240 Kombi	P50 Trabant	P50-1 Limousine
Hersteller	VEB Sachsenring Kraftfahrzeugwerke Zwickau	VEB Sachsenring Automobilwerke Zwickau	VEB Sachsenring Automobilwerke Zwickau
Bauzeit	1958–1959	1958–1959	1959–1962
Motor	Sechszylinder in Reihe (Viertakter)	Zweizylinder in Reihe, Zweitakter	Zweizylinder in Reihe, Zweitakter
Hubraum (cm3)	2.407	499	499
Leistung (PS)	80	18	20
Gemischaufbereitung	1 Flachstromvergaser BVF F 36/3	1 Flachstromvergaser BVF H 26/1-0	1 Flachstromvergaser BVF HB 28
Getriebe	Viergang-Getriebe	Viergang-Getriebe	Viergang-Getriebe
Antrieb	Heck	Front	Front
Höchstgeschwindigkeit km/h)	140	90	100
Bremsen	Trommeln	Trommeln	Trommeln
Radstand (mm)	2.800	2.020	2.020
Reifen	7.10 - 15	5.20 - 13	5.20 - 13
L x B x H (mm)	4.730 x 1.780 x 1.700	3.375 x 1.500 x 1.395	3.360 x 1.493 x 1.410
Leergewicht (kg)	1.600	620	620

Modell	P50-1 Kombi	P60 Limousine (Kombi)	P601 Limousine
Hersteller	VEB Sachsenring Automobilwerke Zwickau	VEB Sachsenring Automobilwerke Zwickau	VEB Sachsenring Automobilwerke Zwickau
Bauzeit	1960–1962	1962–1964 (1962–1965)	1964–1968
Motor	Zweizylinder in Reihe, Zweitakter	Zweizylinder in Reihe, Zweitakter	Zweizylinder in Reihe, Zweitakter
Hubraum (cm3)	499	595	595
Leistung (PS)	20	23	23
Gemischaufbereitung	1 Flachstromvergaser BVF HB 28	1 Flachstromvergaser BVF	1 Flachstromvergaser BVF HB 28
Getriebe	Viergang-Getriebe	Viergang-Getriebe	Viergang-Getriebe
Antrieb	Front	Front	Front
Höchstgeschwindigkeit (km/h)	95	102 (96)	105
Bremsen	Trommeln	Trommeln	Trommeln
Radstand (mm)	2.020	2.020	2.020
Reifen	5.20 - 13	5.20 - 13	5.20 - 13
L x B x H (mm)	3.360 x 1.493 x 1.460	3.360 x 1.493 x 1.410 (H: 1.460)	3.555 x 1.504 x 1.437
Leergewicht (kg)	660	620 (660)	620

Modell	P601 Kombi „Universal"	P601 Limousine	P601 Kombi „Universal"
Hersteller	VEB Sachsenring Automobilwerke Zwickau	VEB Sachsenring Automobilwerke Zwickau	VEB Sachsenring Automobilwerke Zwickau
Bauzeit	1969–1988	1988–1990	1988–1990
Motor	Zweizylinder in Reihe, Zweitakter	Zweizylinder in Reihe, Zweitakter	Zweizylinder in Reihe, Zweitakter
Hubraum (cm3)	595	595	595
Leistung (PS)	26	26	26
Gemischaufbereitung	1 Flachstromvergaser BVF HB 28	1 Flachstromvergaser BVF HB 28	1 Flachstromvergaser BVF HB 28
Getriebe	Viergang-Getriebe	Viergang-Getriebe	Viergang-Getriebe
Antrieb	Front	Front	Front
Höchstgeschwindigkeit (km/h)	105	108	108
Bremsen	Trommeln	Trommeln	Trommeln
Radstand (mm)	2.020	2.020	2.020
Reifen	5.20 - 13	5.20 - 13	5.20 - 13
L x B x H (mm)	3.560 x 1.510 x 1.467	3.555 x 1.504 x 1.437	3.560 x 1.510 x 1.467
Leergewicht (kg)	620	620	620

Modell	Trabant 1.1 Limousine	Trabant 1.1 Kombi „Universal"
Hersteller	VEB Sachsenring Automobilwerke Zwickau	VEB Sachsenring Automobilwerke Zwickau
Bauzeit	1990–1991	1990–1991
Motor	Vierzylinder in Reihe, Viertakter	Vierzylinder in Reihe, Viertakter
Hubraum (cm3)	1.043	1.043
Leistung (PS)	40	40
Gemischaufbereitung	1 Fallstromvergaser Solex 32 TLA	1 Fallstromvergaser Solex 32 TLA
Getriebe	Viergang-Getriebe	Viergang-Getriebe
Antrieb	Front	Front
Höchstgeschwindigkeit (km/h)	125	120
Bremsen	Scheiben/Trommeln	Trommeln
Radstand (mm)	2.020	2.020
Reifen	145 R 13, 155/70 SR 13	145 R 13, 155/70 SR 13
L x B x H (mm)	3.251 x 1.528 x 1.420	3.516 x 1.560 x 1.520
Leergewicht (kg)	700	735

IMPORTE UND EIN SONDERFALL

Missverständnis oder Kaufkraftabschöpfung? Die einen sagen: Der Lada Niva hätte niemals auf der Importliste stehen dürfen. Als das entdeckt wurde, sei es aber zu spät gewesen, die Lieferungen aufzuhalten. Der Geländewagen sollte ein Anreiz sein, die geheimen Sparvermögen der DDR-Bürger dem Wirtschaftskreislauf zuzuführen. Sagen die anderen. So oder so: Die DDR-Inlandsproduktion hätte für eine Massenmotorisierung niemals ausgereicht.

01 07 ПРОБА

Das Auto war und ist ein symbolträchtiges und bedeutsames Konsumgut. Noch dazu in einem Land wie Deutschland, das seine Wirtschaftsgeschichte traditionell über das Automobil definiert. In Ostdeutschland war der Vergleich mit dem Westen allgegenwärtig. Die Bevölkerung brauchte nur per TV über die Grenze zu schauen. Deshalb durften Regierung und Politbüro den Autokauf durch die Bevölkerung auch nicht bei dem Zweiklassenwahlrecht zwischen Trabant und Wartburg belassen. Deshalb musste das Land für Importe geöffnet werden. Vorrangig natürlich aus den sozialistischen Bruderstaaten. Ohne diese Importe hätte die Nachfrage nach diesem so „deutschen" Bedürfnis nie befriedigt werden können. Das Besondere an den Importen: Sie umwehte mitunter sogar die Aura des Westens. Entweder, weil es sich um Lizenzfertigungen handelte, oder weil sie auch im Westen erfolgreich waren.

Links ein Skoda Felicia, rechts ein russischer Tschaika. Der Tschaika war im Justizministerium Weißrusslands eingesetzt.

Aus heutiger Sicht wissen wir, dass es in der DDR doch so etwas wie echte Demokratie gab, also eine Form der Mitbestimmung durch die Bevölkerung. Nicht auf direktem Weg mit dem Wahlzettel, sondern indirekt: über den Grad der (Un-)Zufriedenheit. Darauf reagierten Politbüro und Regierung. Die Geschichts- und Politikforschung hat bestätigt, dass Erich Honecker auf eines vor allem anderen aus war: auf Anerkennung. Und zwar einerseits die Anerkennung durch das Ausland und andererseits durch die eigene Bevölkerung. Ob die Regierenden im-

mer realistische Stimmungsbilder hatten be- ziehungsweise vermittelt bekamen, ist eine ganz andere Frage. Die Bilder vom auf dem Flugplatz auf die Ankunft Michael Gorbatschows wartenden Erich Honecker sind – durch seine Körpersprache – dafür die Bestätigung schlechthin.
Die Regierung stand unter Importzwang. Sonst hätte die Nachfrage noch viel weniger gedeckt werden können. So leicht waren die Importe aber nicht ins Werk zu setzen. Der sozialistische Verwandtschaftssinn hatte seine Grenzen, wenn es um die Möglichkeiten der Devisenbeschaffung, den Ausgleich der Außenhandelsbilanzen und der Beschaffung von Konsumgütern für den eigenen Markt ging. So hatten in den Produktionsländern Exporte in den Westen Vorrang vor Lieferungen in die DDR. Im Vieleck zwischen eigenem Machterhalt, Ideologie, den wirtschaftlichen Zwängen und den Wünschen der Bevölkerung reizte die DDR ihre Importkontingente bis zum Exzess aus.

Der Kunde ist König, der Handwerker ist Kaiser!

Dieser Spruch wird gerne über die Beziehung von Werkstätten zu ihren Kunden kolportiert. Eingeschränkt mag das zutreffend gewesen sein. Es gab staatliche und private Reparaturbetriebe. Auch sie unterlagen der Mangelwirtschaft. Wenn es ein Ersatzteil nicht gab, waren die Werkstatt und der Kunde aufgeschmissen. Das Erledigen von Kleinreparaturen gehörte ohnehin zum kleinen Einmaleins des Autobesitzers, das Mitführen einer Auswahl der am meisten benötigten Ersatzteile und Werkzeuge war eine Selbstverständlichkeit. Exzellent geschriebene Fachhandbücher, Betriebs-, Bedienungs- und Reparaturanleitungen halfen den Autobesitzern. Das Layout und die Papierqualität der Bücher und Hefte mögen nicht auf westlichem Niveau gelegen haben, aber die Texte und Bilder waren in ihrer Verständlichkeit unübertroffen.

Klassiker in einer privaten Oldtimergarage: links das Heck eines Tschaikas, hinten ein Wolga und rechts ein EMW 340-2.

Der Tschaika war das typische Fahrzeug, in dem sich höhere Funktionäre chauffieren ließen.

Als aber dennoch die Unzufriedenheit überhand nahm, funktionierte die informelle Form der Mitbestimmung. Einige der Klassiker, die damals in die DDR kamen, gibt es nur noch in Bildern der Erinnerung.

Dacia

Die Aura des Westens

Der rumänische Dacia 1300 war ein Lizenz-Nachbau des Renault R12. Der Serienanlauf in Rumänien erfolgte fast gleichzeitig mit dem des französischen Originals. Ab 1971 war die Limousine auch in der DDR zu haben. 23.450 (Ost-)Mark hatte der Käufer für diesen Import zu bezahlen. Der 1,3-Liter-Wagen war äußerst begehrt, umgab ihn doch die Aura eines Westfahrzeugs. Das führte zu längeren Wartezeiten als beim Lada. Allerdings folgte bald die Ernüchterung. Die Verarbeitungsqualität einiger Modelle war so grottenschlecht, dass es zu Wandlungen kam. Obwohl die vom IFA Vertrieb eigentlich gar nicht vorgesehen waren. Montagefehler, defekte Bauteile und rostende Karosserien verärgerten die Besitzer. Ab 1979 wurde das Fahrzeug zum Dacia 1310 überarbeitet. Äußerlich erkennbar an Doppelscheinwerfern, schwarzen Stoßfängern und Grillgittern. Der Preis lag genau 1.500 (Ost-) Mark über dem des Vorgängermodells. Der Import dauert bis Ende der 1980er-Jahre.

Detailfrontansicht eines Tschaikas

Popjeda und Wolga

Behördenfahrzeug im amerikanischen Stil

Nach dem Zweiten Weltkrieg begann in Gorki die Fertigung eines Modells für die obere Mittelklasse. Der Pobjeda („Sieg") wurde in den 1950er-Jahren in relativ großen Stückzahlen in die DDR importiert. Große Kontingente kamen als Behördenfahrzeuge und als Taxis zum Einsatz. Legendär waren die hierbei verwendeten Transportverpackungen. Die stabilen Holzkisten überlebten noch Jahrzehnte als Teil von Gartenlauben im Umland von Heidenau.

Danach brachte GAZ den Nachfolger heraus: Den wieder im amerikanischen Stil gehaltenen Wolga M 21. Das Modell wurde ab Ende der 1950er-Jahre als Limousine und Kombi (M 22) importiert. Mit einem Preis von 23.000 Mark war er das Spitzenprodukt für private Autokäufer. Wegen seiner robusten Technik, der durchgehenden vorderen Sitzbank und des üppigen Chroms galt das Auto als sehr attraktiv.

Lada begann seinen Export mit dem 2101. Für den russischen Hersteller war von Anfang an westliches Qualitätsniveau das Ziel. Ostdeutsche Abnehmer profitierten davon ebenfalls.

Anfang der 1970er kam der Wolga GAZ M 24 ins Land. Er hatte ein Viergang-Getriebe und war mit Einzelsitzen ausgestattet. Er war das typische Taxi-Modell, diente aber gleichermaßen als Behörden- und Polizeifahrzeug. Auch für private Interessenten war er erhältlich. Ab 1972 wurde die Kombiversion M 2402 importiert, ab Ende der 1980er-Jahre auch die aufgewertete Limousine M 2410 mit Kunststoffgrill und versenkten Türgriffen.

ZIM 12 und GAZ 13

Der gefürchtete „Rabe"

Der ZIM 12 war gefürchtet. Sein Auftauchen verhieß nichts Gutes. Deshalb hatte die Bevölkerung dem in den Gorki-Werken produzierten Gefährt den Namen „Schwarzer Rabe" gegeben. In Anlehnung an das, was diese Tiere machen ... Denn ab Anfang der 1950er-Jahre wurde die geräumige Limousine vorzugsweise an das Ministerium des Inneren und an die Staatssicherheit geliefert. Beide setzten den Viertürer nicht nur für Repräsentationszwecke ein.

Die zweite repräsentative Limousine war der chromblitzende GAZ 13 Tschaika („Möwe") – mit dem großen V8-Motor eindeutig ein Auto der Oberklasse. Es war das erste Auto im Ostblock mit Automatikgetriebe. Den Motor hatten Konstrukteure von ZIS/ZIL in Moskau entwickelt.

Einige Tschaika-Exemplare wurden zum Beispiel als Kombi, Cabriolet und Sanitätsfahrzeuge ausgeliefert, aber auch andere Aufbauten sind entstanden. In die DDR wurde der GAZ 13 ausschließlich als Funktionärswagen für führende Kader in Berlin und in den Bezirkshauptstädten eingesetzt.

Der Lada Priora soll auch den Westen erobern.

Mit solchen Werbebildern wollte Lada die Kundschaft ansprechen. Ostdeutsche mussten ohne Hochglanzbroschüren auskommen.

Lada

Der Konkurrenz überlegen

Mit Lada-Automobilen nutzte die Sowjetunion von Anfang an die Chance, Geld zu verdienen. Im eigenen Land, in den RGW-Nachbarländern, aber auch im Westen. Der Fiat 124, 1966 Auto des Jahres in der Bundesrepublik Deutschland, war Gegenstand eines weitreichenden Lizenzabkommens zwischen der Firma Fiat und der Sowjetunion. Mit kräftiger Unterstützung des Turiner Unternehmens entstand ein nagelneues Fahrzeugwerk in der dafür eigens neu gegründeten Stadt Togliatti an der Wolga. Ab 1970 lief dort der Lizenz-Fiat namens Shiguli (die Exportbezeichnung Lada) vom Band. Für die härteren Einsatzbedingungen des Landes erhielt die Kurbelwelle eine fünffache statt der dreifachen Lagerung, der Zylinderkopf wurde mit einer oben liegenden Nockenwelle versehen. Ab 1972 kamen die sowjetischen Fiat-Typen 2101 (Lada 1200), 2102 Kombi und 2103 (Lada 1500) auch in die DDR. Haupttyp war der 2101.

Die Sowjet-Fiats waren in Ostdeutschland überaus gefragt. Der 1500er galt als eines der begehrtesten Fahrzeuge überhaupt. Mit Doppelscheinwerfern, chromglänzendem Grill, Rundinstrumenten, Wischwasch-Anlage, großen Rückleuchten und zugfreier Zwangsentlüftung bot dieses Auto westlichen Standard, wenn nicht sogar Luxus. Ende der 1980er-Jahre gelangten noch einige Samara ins Land. Nach der Währungsumstellung 1990 kosteten der Zweitürer 13.090, der Viertürer 13.690 D-Mark.

Der ebenfalls in die DDR importierte Geländewagen 2121 (Niva) verfügte über permanenten Allradantrieb – er gilt heute noch in der Geländewagenszene als ultimativ. Warum ausgerechnet dieses Topmodell ins Land kam, darüber gibt es zwei Versionen. Die einen sagen, es handelte sich um ein Missverständnis, das nicht mehr zu korrigieren gewesen sei, als es bemerkt wurde. Die anderen sagen, der Geländewagen sei zur Kaufkraftabschöpfung importiert worden. Auf über 100 Milliarden Ost-Mark schätzte man das Sparvermögen der DDR-Bürger.

Die Hilfsbereitschaft war groß

Einen Pannenhilfsdienst, wie ihn heutzutage Automobilclubs und Kraftfahrzeugversicherungen anbieten, gab es in der DDR nicht. „Hilf dir selbst ...", war die Losung. Der gerissene Keilriemen beim Trabant ließ sich zur Not durch Damenstrümpfe ersetzen. Das funktionierte einige Kilometer und half dem, der zwischen den Dörfern unterwegs war, vielleicht noch bis nach Hause. Wer sich nicht mehr selbst helfen konnte, musste jemanden finden, der sein Auto an den Haken nahm und in eine Werkstatt schleppte. Oder der eine Werkstatt benachrichtigte. Dazu blieb ihm nichts anderes übrig, als ein Auto anzuhalten. Dessen Fahrer informierte in einer der nächsten Ortschaften einen Reparaturbetrieb, der Pannenhilfe anbot. Die rückte dann mit einem üblicherweise selbst für die Pannenhilfe umgebauten Fahrzeug aus.

Die gegenseitige Hilfsbereitschaft war groß, und ans Warten war man gewöhnt. Kritisch war die Situation, wenn man nachts mit seinem Auto liegen blieb. Denn zu diesen späten (oder frühen) Tageszeiten war in Ostdeutschland die Verkehrsdichte gering. Eine Rund-um-die-Uhr-Bereitschaft organisierten die Werkstätten erst in den späten Jahren der DDR. Wie beispielsweise in Wernigerode. Dort teilten sich fünf Werkstätten die Bereitschaft. Wer das Pech hatte, in einer Gegend liegen zu bleiben, in der es keinen so hohen Organisationsgrad gab, für den galt, was ein damaliger Vielfahrer erzählt: „Man musste zunächst die Nacht überstehen!" Irgendwo am Straßenrand in seinem kaputten Auto.

Logisch: Weil es so wenig zu kaufen gab, legten die Menschen das Geld auf die hohe Kante. Mit dem exklusiven Niva – mit seinem mechanischen System des permanenten Allradantriebs konnten sogar nur wenige West-Geländewagen wie der Land Rover konkurrieren – hätte ein Teil des Sparvermögens abgeschöpft werden sollen, um es dem Wirtschaftskreislauf wieder zuzuführen.

Beim Import der Ladas trat ein Phänomen erneut auf, das Jahrzehnte zuvor in ähnlicher Weise beim Transport von Autos aus Eisenach – damals als Reparationsleistung in die Sowjetunion – aufgetreten war. Als nunmehr auf der Schiene Fahrzeuge aus russischer Produktion nach Ostdeutschland geliefert wurden, kamen nicht wenige Ladas mit Schäden an. Mit Schäden, die eindeutig keine typischen Transportschäden, sondern von Hand erzeugt worden waren. Damit hatten sich die Empfänger in Ostdeutschland herumzuschlagen. Reklamation aussichtslos. Gelegentlich gelang es dem IFA Vertrieb, das Problem zu lösen, indem er Schadfahrzeuge den Inhabern von Berechtigungsscheinen vor Ablauf der Wartezeit anbot. Hingegen brauchten der westdeutsche Lada-Importeur und die späteren Fahrzeugbesitzer derartige Schäden nicht zu befürchten. Der Exportweg in den Westen führte zunächst auf russischem Gebiet per Eisenbahn zu einem der baltischen Ostseehäfen, von dort mit dem Schiff über die Ostsee und durch den Nord-Ostsee-Kanal nach Hamburg, wo die Ladas im Kattwykhafen entladen wurden. Der Hersteller wollte die Qualität verbessern, weswegen weltweit russische Lada-Ingenieure stationiert wurden. Sie beobachteten den Vertrieb, beteiligten sich an der Endkontrolle und meldeten Probleme nach Russland. Die Verbesserungen kamen auch den Verbrauchern in der DDR zugute. Lada ist der einzige, weitgehend selbstständig gebliebene Automobilhersteller Osteuropas, der den Zusammenbruch des Kommunismus überstanden hat und mit einer weiterentwickelten Modellpalette erfolgreich Autos ins Ausland vertreibt. Deutschland wird, wie aus dem russischen Konzern inoffiziell zu hören ist, dabei eine Vorrangstellung eingeräumt. Zwei Gründe werden dafür – natürlich ebenfalls inoffiziell – genannt: In der Automobilnation Deutschland Autos absetzen zu können, sei so eine Art internationales Gütesiegel. Außerdem hätten sich die Deutschen auch in den schlechten Zeiten des Umbruchs in Russland nie von dieser Marke abgewandt.

Polski-Fiat 125 p

Kurzfristig begehrt

Begehrt waren in der DDR die Polski-Fiat 125 p. Die Lizenzbauten kamen ab 1967 ins Land. Sie hatten die moderne Karosserie des Fiat 125. Unter der Motorhaube arbeiteten die 1,3- und 1,5-Liter-OHV-Motoren des alten Fiat 1300/1500. Damit hatten die Ostdeutschen die Wahl zwischen zwei Hubraumgrößen. Allerdings war der für diese Motoren erforderliche Kraftstoff höherer Klopffestigkeit nicht überall verfügbar.

Nach einem Facelifting in den 1970er-Jahren kam der Fiat-Nachbau mit geschwärztem Kühlergrill und entsprechend gefärbten Stoßfängern statt des bisherigen Chroms daher. Die Qualität der Fahrzeuge galt als eher mäßig. Sie waren vor allem rostanfällig. Nachdem der Lizenzvertrag ausgelaufen war, durfte der polnische Hersteller FSO die Bezeichnung „Polski-Fiat" nicht mehr verwenden. Mit dem großen Angebot von Lada ging die Nachfrage nach polnischen Fiat-Nachbauten zurück. Der Import lief in den 1980er-Jahren nach und nach aus.

Der Lada 2102 Kombi. Die russischen Lizenzbauten und ihre eigenständigen Nachfolger galten von Anfang an als robust. Der Aufbau ist übersichtlich, und Hobby-Schrauber haben auch heute noch eine Chance.

Polski-Fiat 125 p

Moskwitsch

Taxi und Dienstfahrzeug

Moskwitsch („Sohn der Stadt Moskau") hieß der ab 1946 im Moskauer Kleinwagenwerk MZMA gebaute Kleinwagen. Zunächst war das Auto nichts anderes als der Opel Kadett, dessen Produktionsanlagen als Reparationsleistung in die Sowjetunion gekommen waren. Dieses bis 1958 gebaute Auto wurde aber nie in der DDR angeboten. Erst der Moskwitsch 407 und 403, zwei im englischen Stil gehaltene, äußerlich fast gleiche Wagen der unteren Mittelklasse kamen ins Land. Ihre Technik basierte indes auf dem Vorkriegs-Opel. In kleiner Stückzahl wurde auch der Kombi Typ 423 importiert. Mitte der 1960er-Jahre folgte der äußerlich modernisierte Moskwitsch 408 mit einer trapezförmigen Karosserie, rundum größeren Fenstern und 13- statt wie bisher 15-Zoll-Rädern. Der Leistung des 1,4-Liter-Motors war von 45 auf 50 PS gesteigert worden. Im Preis war der ab 1970 mit Knüppelschaltung importierte 408 IE unterhalb des Wartburg positioniert. Die Baureihe war zehntausendfach als Taxi und Dienstfahrzeug in der DDR im Einsatz. Privatleute schätzten zwar seine Robustheit, aber der Benzinverbrauch und die Verarbeitung waren gefürchtet.

Der zweitürige MBX hatte ein eigenwilliges Äußeres. Rahmenlose Seitenscheiben vermittelten den Eindruck einer durchgehenden Glasfläche. Sie verliehen dem Typ ein gestrecktes Aussehen. Skoda hatte dem Modell die Rolle eines Coupés zugedacht.

Wie Devisenbestimmungen umgangen wurden – der Trick mit dem Verdeck

Es gab nicht nur den Zwangsumtausch für Besucher aus dem Westen, auch die DDR-Bürger waren bei Reisen ins sozialistische Ausland Einschränkungen unterworfen. So war die Summe an DDR-Mark, die die Reisenden ausführen durften, eng begrenzt. Anfangs durfte bei der Staatsbank noch Fremdwährung für einen Zeitraum bis zu drei Wochen eingetauscht werden, später nur noch für bis zu zwei Wochen, im Ausland dann noch einmal bis zu 100 Ost-Mark pro Person in die jeweilige Landeswährung. Für jeden Zöllner war der Tag gerettet, wenn er westdeutsche Währung bei der Ein- oder Ausreise fand und beschlagnahmen konnte. Dabei wäre gerade die D-Mark so wichtig gewesen, denn in einigen sozialistischen Bruderländern wie in Ungarn gab es Westware.
Die erste Sparmaßnahme war die Reiseplanung als Campingurlaub, berichtet das Ehepaar Gellert aus Wernigerode: „Wochenlang wurde das tägliche Urlaubsessen vorbereitet und in Einweckgläsern eingekocht. Am Urlaubsort wurden die Einweckgläser in einem tiefen Wasserschacht eingelagert, damit sie kalt blieben. Denn auf dem Campingplatz in Ungarn gab es keinen Kühlschrank." Eine zweite Sparmaßnahme betraf den Sprit. Wer unterwegs nicht tanken musste, brauchte dafür auch kein Geld auszugeben. Bernd Gellert hatte das Reserverad aufs Dach verlagert und am ursprünglichen Lagerort einen 80-Liter-Reservetank implantiert. Der dritte Trick war die Reise in das eigentliche Urlaubsland über ein Drittland. Denn für dieses Transitland durfte für maximal acht Tage zusätzliches Geld getauscht werden. Das konnte dann im Urlaubsland ebenfalls in die Landeswährung gewechselt werden. Allerdings erhöhte diese Methode auch das Risiko, dass Schmuggelware gefunden wurde. Weil die zusätzlichen Grenzübertritte weitere Kontrollen bedeuteten. „Die tschechoslowakischen Grenzbehörden filzten die Autos am genauesten", berichtet Bernd Gellert. Die bauten sogar die Sitze, das Armaturenbrett und das Handschuhfach aus. Doch an einige zusätzliche, nicht serienmäßige Einbauten trauten sich auch diese Fachleute nicht heran. Warum? Vielleicht, weil es für diese Basteleien keine Pläne über den Ein- und Ausbau gab. Die Gellerts hatten in Frankfurt/Oder in ihren Lada ein Schiebedach einbauen lassen. Das nutzten sie für den vierten Trick. An der Innenseite der Außenhaut klebten sie Plastiktüten mit Geld und Zollerklärungen. Bernd Gellert: „Dort haben sie nie gesucht!"

Einen technischen Quantensprung machte der bereits ab 1969 gebaute Typ 412 mit zeitgemäßem 1,5-Liter-OHC-Leichtmetall-Motor und der frischen Optik, die er vom 408 IE übernommen hatte. Auch hier verpasste das mittlerweile mit dem Beinamen „Leninscher Komsomol" (AZLK) versehene Werk dem Moskwitsch eine Knüppelschaltung; der Instrumententräger wurde neu gestaltet. Nur marginal unterschieden sich die Nachfolger 2138 und 2140. Wegen der attraktiven Lada-Importe kauften nur noch wenige Privatpersonen den technisch veralteten Moskwitsch. Ende der 1980er-Jahre kam nur noch eine kleine Stückzahl, und dessen Nachfolger AZLK 2141 „Aleko" nur noch in 400 Exemplaren in die DDR.

Erst Spartak, dann Felicia. Weil die im Inland verwendete Typenbezeichnung durch eine holländische Firma international geschützt war, musste sich die Skoda-Handelsorganisation einen neuen Namen für das Modell einfallen lassen. Der Name prägte sich ein. Bis heute. Der oben abgebildete Felicia (Baujahr 1960) fuhr bei der „Sachsen Classic" 2007.

Skoda

Begehrte Qualitätsarbeit

Einen Skoda zu fahren, das hieß schon was! Denn diese Autos wurden einerseits in einem „Bruderstaat" produziert, andererseits waren sie aber auch im Westen erfolgreich. Diese Westorientierung zeigte sich in der Tschechoslowakischen Motor-Revue, einer Zeitschrift, die seit 1955 vom staatlichen tschechoslowakischen Außenhandelsbetrieb Motokov herausgegeben und in die Exportländer für tschechoslowakische Kraftfahrzeuge verkauft wurde. Die Hefte hatten sich wegen ihrer fachlichen Kompetenz und des kritischen Stils auch in der DDR großer Beliebtheit erfreut. Nicht so bei den Regierenden. Einige Ausgaben dieser von sozialistischer Bruderhand verfassten Hefte waren verboten, bereits ausgelieferte Hefte wieder eingezogen worden. Über den Anlass der Zensur hatte es immer nur Gerüchte gegeben. Meistens hat es diese Hefte in der DDR nur als „Bückware" gegeben.

Der tschechoslowakische Hersteller war technisch und qualitativ stets Richtung Westen orientiert gewesen. Mit einem Skoda war man zugleich „linientreu" und exklusiv unterwegs. Wobei Ersteres natürlich nur bei einigen Berufsgruppen wie den NVA-Offizieren, bei denen Skodas beliebt gewesen sein sollen, das ausschlaggebende Kaufargument gewesen sein dürfte. Der Skoda 1200 war eine Neuentwicklung aus dem Jahr 1952, basierend auf dem früheren 1102. In dieser Grundkonstruktion blieb dieses Modell als 1201 und 1202 bis 1973 in der Fertigung, zuletzt noch als Kombiwagen 1202. Mit seitlich öffnender Heckklappe und Knüppelschaltung. In der DDR waren die 1200er die ersten popu-

lären Importfahrzeuge neben den sowjetischen Popjeda. Etwa 2.000 Limousinen und 6.000 Kombiwagen dieser Baureihen dürften ins Land gekommen sein.
Zudem gab es den etwas kleineren zweitürigen 440 beziehungsweise 445 (Exportbezeichnung „Orlik") und seinen Nachfolger, den Octavia. Äußerlich unterschieden sich 440 und 445 sowie Octavia und Octavia Super nur durch den Kühlergrill. Der tatsächliche Fortschritt lag im Fahrwerk. Vorne wirkten Schraubenfedern statt Blattfedern. Den 440 und den Octavia gab es mit einem 1,1-Liter-Motor. Bald kam der 1,2-Liter-Motor der größeren Baureihe dazu. Nur in kleiner Stückzahl kamen die Cabrios 450 beziehungsweise Felicia in die DDR. Für sie mussten wegen der schlechteren Benzinqualität in der DDR die Verdichtung und Leistung reduziert werden. Anfang bis Mitte der 1960er-Jahre erhielten Octavia und Felicia modische Heckflossen. Für den Felicia gab es ein Fiberglas-Hardtop. Wie viele Skodas in die DDR kamen, ist unbekannt. Die Statistik endet 1969.
Mitte der 1960er-Jahre kam der 1000 MB mit Heckmotor heraus. Sein Preis lag über dem des Octavias. Über 60.000 Exemplare des Viertürers wurden in die DDR geliefert. Anfangs gab es den MB 1000 mit großer Panorama-Heckscheibe, großen Lufteinlässen hinten und durchlaufender, mittiger Sicke über das gesamte Dach. Später wurde seine Form versachlicht. Dabei kam eine Besonderheit zum Tragen: Heck- und Frontscheibe ließen sich 1:1 austauschen.

„Sachsen Classic" 2007: Norbert Blüm und Peter Sodann im Skoda Felicia.

Felicia-Cabrios kamen nur in kleiner Stückzahl in die DDR. Die wenigen, die es heute noch gibt, sind topgeflegt.

Dem Betrachter fällt diese Rationalisierung auf den ersten Blick überhaupt nicht auf.
Bis Anfang der 1990er-Jahre sollte es bei Skoda kein neues Kombimodell geben. Fertigung und Export des etwas aufgefrischten Octavia Kombi (die genaue Typenbezeichnung wird mit „C" wie Combi geschrieben) mit der horizontal mittig geteilten Heckklappe liefen darum weiter. In der DDR musste dafür genauso viel angelegt werden, wie für denn Wartburg Tourist.
Überarbeitet erschien 1969 der S 100. Er wurde 602.000 mal gebaut und mindestens 142.000 mal in die DDR importiert. Vom 110 R Sportcoupé kamen zwischen 300 und 400 Autos in die DDR. Während der S 100 preislich unterhalb des Wartburg 353 lag, musste für das von 1970 bis 1980 gebaute Sportcoupé erheblich mehr bezahlt werden. Allerdings litt der Ruf der Skodas in den 1960er- und 1970er-Jahren etwas unter ihrer Rostanfälligkeit. Aber damit standen sie zu dieser Zeit nicht allein.
1976 folgte die mit Heckmotoren bestückte S-Reihe, die als S 105 (erkennbar an den Solo-Rundscheinwerfern) und S 120 (mit Doppel-Rundscheinwerfern) in Ostdeutschland bestellt werden konnten. Nur in geringer Stückzahl wurde der luxuriöse und stärkere S 120 LS/GLS in die DDR importiert. Der S 130 mit 1,3-Liter-Motor und Fünfgang-Schaltung war als neues Importmodell für 1989 angekündigt worden, kam aber nicht mehr auf den ostdeutschen Markt. Mit den Triebwerken der Heckmotorreihe versehen, wurde schließlich das letzte Skoda-Modell vor dem Auseinanderfallen des Ostblocks – der S 136 Favorit. Seine Fertigung lief bis 1995. Das modern konzipierte Frontantriebs-Auto im Bertone-Design mit schräger Heckpartie kam nur in kleiner Stückzahl in die DDR. Preislich bewegte es sich deutlich oberhalb des Wartburg 353.

„Bückware"

In der DDR herrschte eine sogenannte Mangelwirtschaft. Irgendetwas fehlte immer. Dennoch: Die Grundversorgung war gesichert. Es brauchte niemand zu hungern. Der Mangel betraf hochwertige, extravagante und besonders begehrte Artikel. Gelegentlich gab es aber auch die, und dann bildeten sich Schlangen vor den Geschäften.
Die Ursachen für diese Engpässe lagen im System der sozialistischen Planwirtschaft, aber auch im Vorrang des Exports. Denn die DDR brauchte Devisen. Insbesondere technische Produkte standen beim Außenhandel ganz oben, und das traf vor allem die Autofahrer – die Besitzer seltener Modelle am allermeisten. Gleichwohl existierten die gesuchten Teile, irgendwo und inoffiziell. Man musste sie „nur" finden.
„Was im Kapitalismus das Geld ist, sind im Sozialismus die Beziehungen!" Denn die Beziehungen führten einen zu demjenigen, der die gesuchten Teile hatte. Weil der die begehrte Ware nicht in der Auslage liegen, sondern unter dem Tresen versteckte, musste er sich danach bücken. Deshalb hieß diese Ware „Bückware".
Dabei war das Sprichwort über den Unterschied zwischen Ost und West eigentlich unvollständig. Denn mit den Beziehungen allein war es noch nicht getan. Hatte man mit Hilfe der Beziehungen denjenigen ausgemacht, der die „Bückware" besaß, ging es ans Bezahlen. Ohne Geld lief eben auch im Sozialismus nichts. Vielleicht waren sich die beiden deutschen Staaten doch nicht so unähnlich ...

Bis Ende der 1980er-Jahre hatte die tschechische Traditionsmarke am Heckmotor festgehalten. Das war gewissermaßen eine Langzeitfolge des unterdrückten Prager Frühlings. Zu der Zeit, als in anderen Ostblockstaaten Lizenzbauten vom Band liefen, litt die Tschechoslowakei unter läh-

Skoda zu fahren, war in der DDR beinahe extravagant. Der Hersteller umgab seine Modelle mit einem Hauch von Motorsport, der auch durch die Tschechoslowakische Motor-Revue vermittelt wurde. Im Bild oben: Das Team Juracka/ Kindlova nahm an der Oldtimerrallye „Frankfurt – Weimar 2007" im Skoda 1000 MB de Luxe (Baujahr 1966) teil.

mender Unterdrückung. Innovationen – auf politischer Ebene hatten sie die kurze Phase der Liberalisierung eingeleitet – waren verdächtig, auch im Automobilbau.

Über die Qualität von Skodas sagt heute der Vertraghändler und Oldtimerrestaurator Egon Wessels aus dem Oldenburger Münsterland zu zweifelnden Kunden: „Wenn an einem Skoda etwas kaputt geht, dann ist dieses Teil nicht aus Tschechien." Die Tschechoslowakische Motor-Revue wurde übrigens 1990 eingestellt. Bei Sammlern und Oldtimerfreunden sind alte Ausgaben dieses Magazins noch heute beliebt. Der Handel der Hefte erfolgt über das Internet. Anfang der 1990er-Jahre endete die Eigenständigkeit des Automobilherstellers Skoda. Der VW-Konzern übernahm das infolge der politischen Umwälzungen angeschlagene Unternehmen

Tatra

Oberklasse in geringer Stückzahl

Der T 600 Tatraplan war das erste Nachkriegsmodell dieses traditionsreichen Herstellers. Ab 1897 waren bei Tatra im früheren Nesselsdorf/Mähren (Koprivnice) Autos hergestellt worden. Chefkonstrukteur war Hans Ledwinka, der an der Technischen Fachschule für Maschinenbau in Wien studiert hatte und seit 1897 für die Nesselsdorfer Wagenbau-Fabriks-Gesellschaft arbeitete. Sie wurde erst 1923 in Tatra umgetauft. Er führte den Zentralrohrrahmen, Luftkühlung und die aerodynamische Form ein. Vom Tatraplan gelangten weniger als 100 Fahrzeuge in die DDR.

Mit dem neuen V8-Modell 603 (ab 1956) stellten die Tschechen ein repräsentatives Oberklasseauto vor. Bestimmt war es für Funktionäre in Politik und Wirtschaft. Für die wurden der 603 und der 2-603 in die DDR importiert. Etwa 3.000 Fahrzeuge dieser Typen gelangten nach Ostdeutschland. Zu Preisen oberhalb von 33.000 Mark. Äußerlich unterscheiden lassen sich die Karosserieversionen des 603 an den Scheinwerfern: anfangs waren es drei, dann vier – wobei die Leuchten bei den späteren Ausführungen weiter nach außen rückten.

1963 kam ein neuer, stärkerer Motor für den 2-603. 1968 wich die durchgehende vordere Sitzbank einzelne Sitzen, bekam der 2-603 Scheibenbremsen und vor allem einen stärkeren Motor. Insgesamt wurden etwas mehr als 20.000 Tatra 603 fertiggestellt.

Ab 1973 entstand der von Vignale gestylte Tatra 613. Maximal 300 gingen zu Preisen von über 50.000 (Ost-)Mark in die DDR. Vom Vorgänger unterschied sich der 613 durch die glattere Karosserieform, die größere Fensterfläche und den um 25 Prozent Hubraum vergrößerten Motor. In den 1980er-Jahren wurde eine modernere Frontpartie eingeführt.

Der kleine Saporoshez war ohne lange Wartezeit zu haben, preiswert und robust. Deshalb galt er während des Zeitraums, in dem er importiert wurde, als beliebtes Fahrzeug.

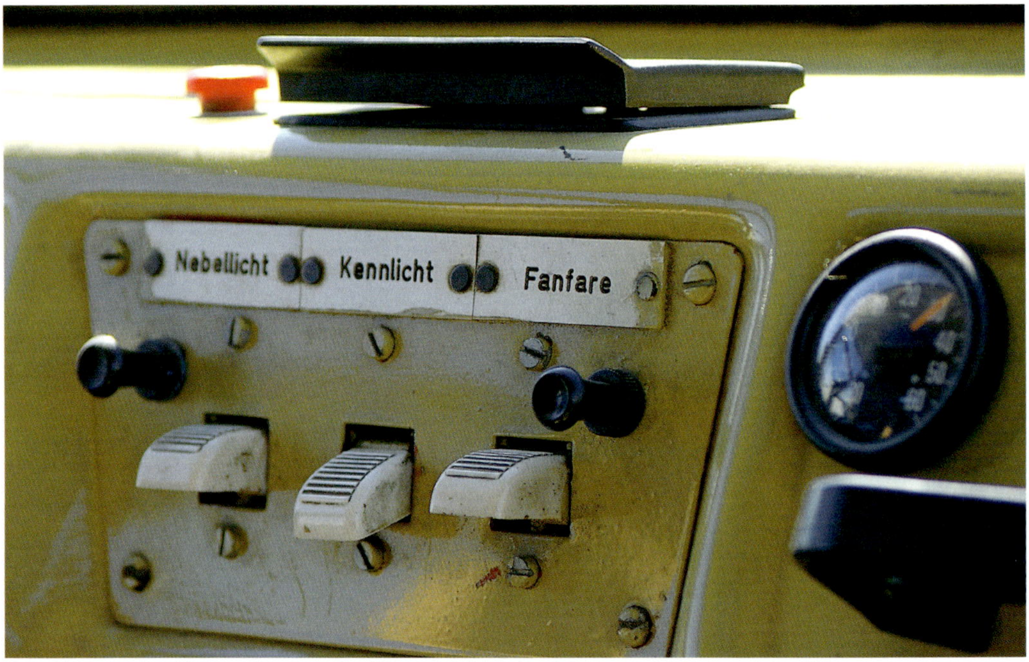

Die Drucktastereinheit gehörte nicht von Anfang an zur Grundausstattung. Der Barkas, der für diese Aufnahme Modell stand, war früher das Einsatzfahrzeug einer Werksfeuerwehr. Nachgerüstet sind auch das Radio und das Thermometer.

Saporoshez

Geliebter Kleinwagen ohne Wartezeit

Die Beliebtheit wegen seiner Robustheit brachten den Zweitürern zahlreiche Kosenamen ein. Das preisgünstigste Auto der Sowjetunion kam aus dem ukrainischen Saporoshje. Von dort gelangte es in die DDR. Der 965 beziehungsweise 965 A war im Stil eines Fiat 600 gehalten, der 966 hatte Ähnlichkeiten mit dem NSU Prinz. Die Modelle waren mit überaus elastischen Boxermotoren im Fahrzeugheck ausgestattet. Wahrscheinlich handelte es sich um die einzigen Autos, die nahezu ohne Wartezeit zu haben waren. Und das für den vergleichsweise günstigen Preis von 7.530 (Ost-)Mark. Unterschiedliche Angaben gibt es bei den Jahreszahlen, ab wann der Import in die DDR erfolgte. Laut Verkehrsmuseum Dresden kam der Saporoshez erst ab 1967 ins Land. Andere Angaben sprechen vom Import ab Anfang der 1960er. Letzteres erscheint, obgleich das Dresdner Museum als überaus gut informiert gilt, aufgrund der Produktionszeiträume als wahrscheinlicher. Da die Produktion in der ersten Hälfte der 1970er endete und über Modelle von Herstellern, die es nicht mehr gibt, eine ziemlich ungenaue Quellenlage vorliegt (teilweise möchte man beinahe glauben, es habe diese Hersteller nie gegeben),

Der Barkas B 1000 war ein universell einsetzbares Nutzfahrzeug. Er galt baulich als Lkw, war aber durch eine Ausnahmeregelung von den einschränkenden Bestimmungen (wie zum Beispiel der Höchstgeschwindigkeit) für einen Lkw befreit.

erscheint es unwahrscheinlich, diese Frage irgendwann noch einmal zweifelsfrei klären zu können.

Zastava

Blockfrei und fast aus dem Westen

Bei Zastava („Fahne") in Kragujevac entstand in den 1970er-Jahren der kleine Typ 1100 (101), eine etwas modifizierte Version des Fiat 128. Statt des Stufenhecks hatte er ein nach innen geknicktes Fließheck mit großer Ladeklappe, war aber nur 15 Kilo schwerer als das Original. Das Auto blieb im Folgenden nahezu unverändert, lediglich 1981 gab es leichte Modifikationen. Dieses Auto aus dem blockfreien Jugoslawien wurde auch in die DDR importiert. Wegen seiner vergleichsweise guten Verarbeitung galt das Auto als Insidertipp. Zumal das Herstellerland schon als halber Westen galt. Der Preis lag – wen wundert es – oberhalb des Wartburg-Niveaus. Allerdings war in Ostdeutschland ausschließlich der 1100er mit 55 PS zu haben, während für andere Märkte auch stärke-

Das Armaturenbrett des B 1000 war einfach und übersichtlich

re Versionen gebaut wurden. Seit 1984 wurde alternativ die originale Stufenheckkarosse angeboten. Das Auto und seine Technik wurden auch im Motorsport eingesetzt.

ZIS und ZIL

Die Präsidentenklasse

Handgefertigte Repräsentationslimousinen für Führer in Partei und Regierung waren die Spezialität des Stalin-Werks in Moskau. ZIS war die Abkürung von Zavod imini Stalina, übersetzt: Stalin-Werk. Der Produktionsschwerpunkt waren allerdings Lkws. Das Markenzeichen der Limousinen war ihre starke Motorisierung und die luxuriöse Ausstattung, ungenierte Abbilder westlicher Fahrzeuge. Vor allem Packard scheint ungewollt Pate gestanden zu haben. Die Fahrzeuge kamen auch in die SBZ beziehungsweise in die DDR. Beinahe während der gesamten DDR-Zeit bestand der gesamte Fuhrpark für die Staats- und Parteiführung und der ranghöheren bezirklichen und regionalen Funktionäre aus schweren Limousinen sowjetischer Bauart. Nur am Anfang waren auch BMWs aus Eisenach und Horchs aus Zwickau sowie P240 eingestellt. Zuletzt kamen Volvos in Mode.

Während sich Staatspräsident Wilhelm Pieck noch in einem Horch chauffieren ließ, saßen andere Angehörige der politischen Nomenklatura in Fahrzeugen aus dem Stalin- oder Gorki-Werk. Nach dem Ende der Stalinära war das Moskauer Werk in Lichatschow-Werk (ZIL) umbenannt worden. Die Machthaber bevorzugten jetzt den Typ 111 mit Heckflossen im US-Stil. Die offene Version ZIL 111 V bekam die Bevölkerung bei Paraden auf der Karl-Marx-Allee in Ostberlin zu sehen. Die Nachfolgemodelle ZIL 114 und 117 kamen ebenfalls in die Fahrbereitschaft des Ministerrats. Seit 1978 fast ohne Änderung wird der ZIL 115, inzwischen in ZIL 4104 umbenannt, gefertigt. Er ähnelt vom Aussehen und technisch den Lincoln-Limousinen, in denen die US-Präsidenten befördert werden.

Nur noch mit Belichtungstricks sichtbar zu machen: die Beschriftung des Typenschilds.

Barkas B 1000

Der Alleskönner

Der B 1000 galt steuerlich und bei der Neufahrzeugzuteilung als Lkw, im Alltagsbetrieb gemäß Ausnahmegenehmigung 15/62 als Pkw. Dadurch war er von den einschränkenden Lkw-Regelungen befreit. Er war ein universell einsetzbares Arbeitstier. Bei Betrieben diente er als Montage- und Werkstattfahrzeug, in der Dringenden Medizinischen Hilfe (DMH) als Rettungswagen, bei der Polizei als Unfallaufnahmewagen und Träger für die schweren Geschwindigkeitskontrollgeräte. Größere Werke, die eine eigene Betriebsfeuerwehr vorhalten mussten, verwendeten ihn als Erstangriffsfahrzeug. Kinderreiche Großfamilien konnten seine Zuweisung als Familienauto beantragen. Seine übersichtliche und robuste Bauweise prädestinierte ihn auch für Sonderaufbauten.

Begonnen hatte seine Geschichte im Juni 1961 in den Barkas-Werken. Dort war dieser Klein-Lkw völlig neu entwickelt worden. Für den Transport von einer Tonne Nutzmasse wurde er zunächst als Kastenwagen gebaut. 1964 folgte der Achtsitzer-Kombi, 1965 der Pritschenwagen, der Kleinbus und der Verkehrsunfall-Bereitschaftswagen. Die Rohkarosserien fertigte das seit 1958 zu Barkas gehörende ehemalige Fahrzeugwerk Karl-Marx-Stadt gefertigt. Von dort gelangten sie zur Endmontage nach Hainichen. Ab 1972 kam der Motor des Wartburg 353 in einer gedrosselten Ausführung zum Einsatz. Der B 1000 wurde nur in Details weiterentwickelt. Im ostdeutschen Alltagseinsatz zeichnete er sich durch Zuverlässigkeit, eine große Belastbarkeit und Geräumigkeit aus. Es blieb aber bis 1988 beim Zweitaktmotor.

Alle Entwicklungsprojekte des Werks über modernere Features scheiterten an den Entscheidungen der Lenkungsgremien. Erstmals zur Leipziger Herbstmesse 1989 präsentierte Barkas den Typ B 1000-1 mit dem Antriebsaggregat BM 880 (Viertaktmotor). Doch diese Modifizierung kam zu spät. Auch die 1990 vorgestellten Reisemobilausführungen konnte die Absatzprobleme nicht mehr lösen. Nur insgesamt 1.300 Stück des B 1000-1 wurden noch gefertigt. Die Produktion der einst heiß begehrten Transporter und Kleinbusse lief im April 1991 aus. Eine Verlagerung der Barkas-Fertigung nach Russland scheiterte. Die bereits transportfertig verpackten Produktionseinrichtungen wurden letztlich verschrottet.

Modell	Dacia 1300/Dacia 1310	Wolga GAZ M 24 (2410)/M 2402 Kombi	GAZ ZIM 12
Hersteller	Dacia	Gorki-Werke (Sowjetunion)	Gorki-Werke GAZ/Sowjetunion
Bauzeit	1969–1979/1979–1990	1970–1990/1973–1990	1950–1959
Motor	Vierzylinder in Reihe (Viertakter)	Vierzylinder in Reihe (Viertakter)	Sechszylinder in Reihe (Viertakter)
Hubraum (cm3)	1.289	2.445	3.480
Leistung (PS)	54	86/100	90
Gemischaufbereitung	1 Fallstrom-Registervergaser Solex 32 EISA	1 Fallstrom-Doppelvergaser K-126 G9	1 Fallstrom-Doppelvergaser
Getriebe	Viergang-Getriebe	Viergang-Getriebe	Dreigang-Getriebe
Antrieb	Front	Heck	Heck
Höchstgeschwindigkeit (km/h)	140	145/150, Kombi: 140	120
Bremsen	Scheiben vorn, Trommeln hinten	Trommeln	Trommeln
Radstand (mm)	2.441	2.800	3.200
Reifen	155 SR 13	7.35/185 - 15/14, 195 - 14, 205/70 R 14	7.00 - 15
L x B x H (mm)	4.340 x 1.640 x 1.430/4.338 x 1.636 x 1.435	4.760 x 1.800 x 1.490	5.530 x 1.900 x 1.660
Leergewicht (kg)	960/980	1.400–1.455, Kombi: 1.500–1.575	1.800

Modell	GAZ 13 Tschaika	Polski Fiat 125p 1300 (ab 1982: FSO 125p 1300)/ PolskiFiat 125p 1500 (ab 1982: FSO 125p 1500)	Lada 1200 (VAZ 2101 und 21013/ 2102 Kombi)
Hersteller	Gorki-Werke GAZ/Sowjetunion	FSO (Polen)	Lada
Bauzeit	1959–1981	1968–1990/1969–1990	1970–1982/1972–1984
Motor	V-Achtzylinder (Viertakter)	Vierzylinder in Reihe (Viertakter)	Vierzylinder in Reihe (Viertakter)
Hubraum (cm3)	4.890/5.500	1.295/1.481	1.198
Leistung (PS)	180/195	60/75	60
Gemischaufbereitung	1 Fallstrom-Doppelvergaser	1 Fallstrom-Registervergaser Weber 34 DCMP 1/250 oder FSO 34 S2 C12	1 Fallstrom-Registervergaser Weber 32 DCR
Getriebe	Vierstufen-Automatik	Viergang-Getriebe	Viergang-Getriebe
Antrieb	Heck	Heck	Heck
Höchstgeschwindigkeit (km/h)	160	145/155	140/135
Bremsen	Trommeln	Scheiben	Scheiben vorn, Trommeln hinten
Radstand (mm)	3.250	2.505	2.425
Reifen	8.20 - 15	5.60 S 13, 165 SR 13 165 SR 13, 185/70 SR 13	6.15 -13, 155 SR 13, 165 R 13
L x B x H (mm)	5.600 x 2.000 x 1.560	4.225 x 1.620 x 1.440/ 4.225 x 1.630 x 1.440	4.073 x 1.611 x 1.440 / 4.059 x 1.611 x 1.400
Leergewicht (kg)	2.600	1.090/1.120	970/1010

Modell	Lada 1500 (VAZ 2103/VAZ 21061)	Lada 1300 (VAZ 21011)	Lada 1600 (VAZ 2106)
Hersteller	Lada	Lada	Lada
Bauzeit	1973–1982/seit 1981	1974–1981	1976–1986
Motor	Vierzylinder in Reihe (Viertakter)	Vierzylinder in Reihe (Viertakter)	Vierzylinder in Reihe (Viertakter)
Hubraum (cm3)	1.452	1.294	1.568
Leistung (PS)	75	65	78
Gemischaufbereitung	1 Fallstrom-Registervergaser	1 Fallstrom-Registervergaser	1 Fallstrom-Registervergaser
Getriebe	Viergang-Getriebe	Viergang-Getriebe	Viergang-Getriebe
Antrieb	Heck	Heck	Heck
Höchstgeschwindigkeit (km/h)	150	145	154
Bremsen	Scheiben vorn, Trommeln hinten	Scheiben vorn, Trommeln hinten	Scheiben vorn, Trommeln hinten
Radstand (mm)	2.425	2.425	2.425
Reifen	165 SR 13	155 SR, 165 R 13	165 SR 13
L x B x H (mm)	4.115 x 1.611 x 1.440/ 4.115 x 1.620 x 1.440	4.043 x 1.611 x 1.440	4.115 x 1.611 x 1.440
Leergewicht (kg)	1.020	1.010	1.020

Modell	Lada 1300 S Nova (VAZ 2105/2104 Kombi)	Lada 1500 S (VAZ 2107)	Lada Niva (VAZ 2121)
Hersteller	Lada	Lada	Lada
Bauzeit	1980–1995/1984–1995	1981–1995	seit 1978
Motor	Vierzylinder in Reihe (Viertakter)	Vierzylinder in Reihe (Viertakter)	Vierzylinder in Reihe (Viertakter)
Hubraum (cm3)	1.294	1.452	1.568
Leistung (PS)	60	75	78
Gemischaufbereitung	1 Fallstrom-Registervergaser Weber 32 DCR	1 Fallstrom-Registervergaser Weber 32 DCR	1 Fallstrom-Registervergaser Weber 32 DCR
Getriebe	Viergang-Getriebe	Viergang-Getriebe	Viergang- und Zweigang-Reduktionsgetriebe
Antrieb	Heck	Heck	Allradantrieb
Höchstgeschwindigkeit (km/h)	145/137	150	130
Bremsen	Scheiben vorn, Trommeln hinten	Scheiben vorn, Trommeln hinten	Scheiben vorn, Trommeln hinten
Radstand (mm)	2.425	2.425	2.200
Reifen	165 SR 13	165/80 R 13 82S	6.00 - 16, 6.95 - 16, 175 SR 16
L x B x H (mm)	4.128 x 1.620 x 1.450/4.115 x 1.620 x 1.443	4.136 x 1.620 x 1.446	3.720 x 1.680 x 1.640
Leergewicht (kg)	995/1.040	1.030	1.150

Modell	Lada Samara (VAZ 2108)	Moskwitsch 2138/2136 Kombi	Moskwitsch 2140/2137 Kombi
Hersteller	Lada	Moskwitsch	Moskwitsch
Bauzeit	1986–2000	1975–1990/1975–1990	1975–1990/1975–1990
Motor	Vierzylinder in Reihe (Viertakter)	Vierzylinder in Reihe (Viertakter)	Vierzylinder in Reihe (Viertakter)
Hubraum (cm3)	1.288	1.358	1.478
Leistung (PS)	65	50	70
Gemischaufbereitung	1 Fallstrom-Registervergaser Solex	1 Fallstrom-Doppelvergaser	1 Fallstrom-Doppelvergaser
Getriebe	Viergang-Getriebe	Viergang-Getriebe	Viergang-Getriebe
Antrieb	Front	Heck	Heck
Höchstgeschwindigkeit (km/h)	150	120	140
Bremsen	Scheiben vorn, Trommeln hinten	Trommeln	Scheiben vorn, Trommeln hinten
Radstand (mm)	2.600	2.400	2.400
Reifen	165 R 13, 165/70 SR 13, 175/70 SR 13	5.90–13, 6.00 - 13	6.45-13, 6.95- 13, 165 SR 13, 175 SR 13
L x B x H (mm)	4.006 x 1.620 x 1.400	4.250 x 1.550 x 1.480 Kombi: 4.250 x 1.550 x 1.510	4.250 x 1.550 x 1.480 Kombi: 4.250 x 1.550 x 1.525
Leergewicht (kg)	925	1.040/Kombi: 1.100	1.080/Kombi: 1.120

Modell	Skoda Felicia/Felicia Super	Skoda MB 1000	Skoda Favorit 136
Hersteller	Skoda	Skoda	Skoda
Bauzeit	1959–1964	1964–1969	1988–1984
Motor	Vierzylinder in Reihe (Viertakter)	Vierzylinder in Reihe (Viertakter)	Vierzylinder in Reihe (Viertakter)
Hubraum (cm3)	1.089/1.221	988	1.289
Leistung (PS)	50/43	40	58
Gemischaufbereitung	2 Fallstrom-Registervergaser Jikov 32 SOPb/ Jikov 32 SOPc	1 Fallstromvergaser Jikov 32 BST	1 Fallstromvergaser Jikov 28-30 LEKR, ab 1993 Bosch-Einspritzung
Getriebe	Viergang-Getriebe	Viergang-Getriebe	Fünfgang-Getriebe
Antrieb	Heck	Heck	Front
Höchstgeschwindigkeit (km/h)	128/130	125	150
Bremsen	Trommeln	Trommeln	Scheiben vorn, Trommeln hinten
Radstand (mm)	2.400	2.400	2.450
Reifen	5.50 - 15, 1961: 5.90 - 15	155 - 14	165/70 R 13
L x B x H (mm)	4.065 x 1.600 x 1.380	4.170 x 1.620 x 1.390	3.815 x 1.620 x 1.415
Leergewicht (kg)	890/900	775	840

Modell	Skoda S 100	Skoda S 110 R	Skoda S 105 S/L
Hersteller	Skoda	Skoda	Skoda
Bauzeit	1969–1977	1970–1980	1976–1987
Motor	Vierzylinder in Reihe, Viertakter	Vierzylinder in Reihe, Viertakter	Vierzylinder in Reihe, Viertakter
Hubraum (cm3)	988	1.107	1.046
Leistung (PS)	48	52	46
Gemischaufbereitung	1 Fallstromvergaser Jikov 32 BS 3170 1976: Jikov 32 EDSR	1 Fallstrom-Registervergaser Jikov 32 DDSB	1 Fallstrom-Registervergaser Jikov 32 EDSR, ab 1981: Jikov 32 SEDR
Getriebe	Viergang-Getriebe	Viergang-Getriebe	Viergang-Getriebe
Antrieb	Heck	Heck	Heck
Höchstgeschwindigkeit (km/h)	130	140	130
Bremsen	Scheiben vorn, Trommeln hinten	Scheiben vorn, Trommeln hinten	Scheiben vorn, Trommeln hinten
Radstand (mm)	2.400	2.400	2.400
Reifen	155 - 14	155 SR 14	155 SR 14, ab 1983: 165 SR 13
L x B x H (mm)	4.155 x 1.620 x 1.380	4.155 x 1.620 x 1.340	4.160 x 1.595 x 1.400 ab 1983: 4.200 x 1.610 x 1.400
Leergewicht (kg)	1.180	880	875

Modell	Skoda S 120 L/120 LS/120 GLS	Skoda Octavia Combi (Super)	Tatra 613 / 613-2
Hersteller	Skoda	Skoda	Tatra
Bauzeit	1976–1989/1976–1987	1961–1969/1969–1971	1974–1986
Motor	Sechszylinder in Reihe, Viertakter Dreizylinder in Reihe, Zweitakter Zweizylinder in Reihe	Vierzylinder in Reihe, Viertakter	V-8-Zylinder in Reihe 1.046
Hubraum (cm3)	1.174	1.221	3.495
Leistung (PS)	52 bei 5.000, 58 bei 5.200 U/min.	45	165/168
Gemischaufbereitung	1 Fallstrom-Registervergaser Jikov 32 EDSR, ab 1981: Jikov 32 SEDR	1 Fallstrom-Registervergaser Jikov 32 SOPc, später: Jikov 32 BS 21	2 Fallstrom-Registervergaser Jikov 32-34 DDSR / 32-34 EDSR
Getriebe	Viergang-Getriebe	Viergang-Getriebe	Viergang-Getriebe
Antrieb	Heck	Heck	Heck
Höchstgeschwindigkeit (km/h)	140/150	125	190
Bremsen	Scheiben vorn, Trommeln hinten	Trommeln	Scheiben
Radstand (mm)	2.400	2.390	2.980
Reifen	155 SR 14, ab 1983: 165 SR 13	5.90 - 15	215/70 HR 14
L x B x H (mm)	4.160 x 1.595 x 1.400	4.065 x 1.600 x 1.430	5.025 x 1.800 x 1.505
Leergewicht (kg)	875/890	970	1.600/1.670

Modell	Tatra 613-3	Saporoshez ZAZ 965/965A	Saporoshez ZAZ 966/966 A
Hersteller	Tatra	ZAZ (Ukraine)	ZAZ (Ukraine)
Bauzeit	1986–1990	1960–1963/1963 - 1967	1965–1972/1968–1972
Motor	V-8-Zylinder in Reihe	Vierzylinder-Boxer	Vierzylinder-Boxer
Hubraum (cm3)	3.495	748/887	887/1.196
Leistung (PS)	168	23/27	27/40
Gemischaufbereitung	2 Fallstrom-Registervergaser	1 Fallstromvergaser	1 Fallstromvergaser
Getriebe	Viergang-Getriebe	Viergang-Getriebe	Viergang-Getriebe
Antrieb	Heck	Heck	Heck
Höchstgeschwindigkeit (km/h)	190	90/100	105/120
Bremsen	Scheiben	Trommeln	Trommeln
Radstand (mm)	2.980	2.024	2.160
Reifen	205/70 HR 14, 215/70 HR 14	5.20 - 13	5.20–13, 6.15 - 13
L x B x H (mm)	5.000 x 1.800 x 1.440	3.330 x 1.400 x 1.450	3.730 x 1.535 x 1.370
Leergewicht (kg)	1.690	600/630	740/770
L x B x H (mm)	4.160 x 1.595 x 1.400	4.065 x 1.600 x 1.430	5.025 x 1.800 x 1.505
Leergewicht (kg)	875/890	970	1.600/1.670

Modell	Saporoshez ZAZ 968/968 A	Zastava 101-1100	ZIS 110
Hersteller	ZAZ (Ukraine)	Zastava (Jugoslawien)	Stalin-Werk/Sowjetunion
Bauzeit	1972–1977/1977–1979	1971–1988	1946–1959
Motor	Vierzylinder-Boxer	Vierzylinder in Reihe, Viertakter	Achtzylinder in Reihe
Hubraum (cm3)	1.196	1.116	6.005
Leistung (PS)	40/43	55	140
Gemischaufbereitung	1 Fallstromvergaser K - 127	1 Fallstromvergaser IPM 32 MGV	1 Fallstromvergaser
Getriebe	Viergang-Getriebe	Viergang-Getriebe	Dreigang-Getriebe
Antrieb	Heck	Front	Heck
Höchstgeschwindigkeit (km/h)	120/123	135	140
Bremsen	Trommeln	Scheiben vorn, Trommeln hinten	Trommeln
Radstand (mm)	2.160	2.449	3.760
Reifen	5.20/5.60–13, 6.15–13, 145 SR 13	145 SR 13	7.50 x 16
L x B x H (mm)	3.730 x 1.570 x 1.370	3.836 x 1.590 x 1.370	6.000 x 1.960 x 1.730
Leergewicht (kg)	800/820	835	2.575

Modell	ZIL 111/111 G	ZIL 114/117	ZIL 4104 (ZIL 115)
Hersteller	Lichatschow-Werk/Sowjetunion	Lichatschow-Werk/Sowjetunion	Lichatschow-Werk/Sowjetunion
Bauzeit	1959–1962/1963–1966	1968–1978/1971–1978	seit 1978
Motor	Achtzylinder in Reihe	Achtzylinder in Reihe	Achtzylinder in Reihe
Hubraum (cm3)	5.980	7.959	7.695
Leistung (PS)	200/230	300	315
Gemischaufbereitung	1 Fallstrom-Doppelvergaser K-85	1 Fallstrom-Doppelvergaser	1 Fallstromvergaser K-259
Getriebe	Zweistufen-Automatikgetriebe	Dreistufen-Automatikgetriebe	Dreistufen-Automatikgetriebe
Antrieb	Heck	Heck	Heck
Höchstgeschwindigkeit (km/h)	160/170	190/200	190
Bremsen	Trommeln	Scheiben	Scheiben
Radstand (mm)	3.760	3.760/3.300	3.880
Reifen	8.90 x 15	8.90 x 15, 9.35 x 15	9.35 x 15, 235 H 380
L x B x H (mm)	6.030 x 2.030 x 1.640/6.140 x 2.045 x 1.640	6.305 x 2.068 x 1.540/5.725 x 2.070 x 1.510	6.339 x 2.086 x 1.550
Leergewicht (kg)	2.545/2.600	3.085/2.950	3.335

Modell	Barkas B 1000 Transporter (bis 1971)	Barkas B 1000 Transporter (ab 1972)	ZIL 4104 (ZIL 115)
Hersteller	Barkas	Barkas	Lichatschow-Werk/Sowjetunion
Bauzeit	1961–1971	1972–1990	seit 1978
Motor	Zweizylinder in Reihe, Zweitakter	Zweizylinder in Reihe, Zweitakter	Achtzylinder in Reihe
Hubraum (cm3)	991	992	7.695
Leistung (PS)	42	45	315
Gemischaufbereitung	1 Flachstromvergaser BVF 36-F1	1 Fallstromvergaser BVF 36-F1-11	1 Fallstromvergaser K-259
Getriebe	Viergang-Getriebe	Viergang-Getriebe	Dreistufen-Automatikgetriebe
Antrieb	Allradantrieb	Allradantrieb	Heck
Höchstgeschwindigkeit (km/h)	95	100	190
Bremsen	Hydraulische Allradbremse mit Trommeln	Hydraulische Allradbremse mit Trommeln	Scheiben
Radstand (mm)	2.400	2.400	3.880
Reifen	6.70 - 13	6.70 - 13	9.35 x 15, 235 H 380
L x B x H (mm)	4.595 x 2.124 x 1.910	4.595 x 2.124 x 1.910	6.339 x 2.086 x 1.550
Leergewicht (kg)	2.545/2.600	3.085/2.950	3.335

Literaturnachweis

M. Stück, W. Reiche: 100 Jahre Automobilbau in Eisenach, Prittriching, 2001

August-Horch-Museum Zwickau GmbH (Hrsg.):
Automobile Geschichte erleben – Ein Museums-rundgang, Zwickau, 2007

Verein Automobilbau-Museum Eisenach e. V., Kuratorium:
awe – automobile welt eisenach, Die Ausstellung, Eisenach, 2007

E. Kittler: DDR Automobil-Klassiker, Band 1, Stuttgart, 2002

E. Kittler: DDR Automobil-Klassiker, Band 2, Stuttgart, 2003

T. Stiegler: Der Trabant wird 50!, Dresden, 2007

M. Dünnebier, E. Kittler: Deutsche Autos, Stuttgart, 2006

M. Stück, W. Reiche: Meilensteine aus Eisenach, Stuttgart, 2003

H. Schrader: Oldtimerlexikon, Stuttgart, 2007

P. Kirchberg: Plaste, Blech und Planwirtschaft,Berlin, 2001

B.-W. Kießler: Skoda Automobile, Bielefeld, 1995

F. Rönicke: Trabant 1957–1991, Stuttgart, 2007

F. Rönicke: Trabant – Legende auf Rädern, Stuttgart, 2001

E. Kittler: Typenkompass DDR-Personenwagen, Stuttgart, 2003

M. Stück: Wartburg 311, Prittriching, 2003

H. Ihling: Wartburg 311/312/353 (1955–1991), Stuttgart, 2007

Zeitreise 1957–2007, 50 Jahre ADMV, Festschrift zum 50-jährigen Bestehen des Allgemeinen Deutschen Motorsport Verbandes (ADMV)

diverse Ausgaben der Zeitschrift Auto Classic

sowie diverse Bedienungs-, Betriebs- und Reparaturanleitungen

Bildquellenverzeichnis

Alle Abbildungen stammen von Peter Böhlke, mit Ausnahme von:

Melkus Sportwagen KG: Seite 10 oben und unten, 11, 12, 24 oben, 26 oben und unten

General Motors Europe: Seite 34

BMW AG: Seite 39

Lada Automobile Deutschland GmbH: Seite 116, 122, 124 und 125 oben

SkodaAuto Deutschland GmbH: 126, 128, 129, 130, 131